あなたを星空へいざなう
誰でも使える天体望遠鏡

★ 浅田英夫

まえがき

　まるで宇宙船の窓から眺めるような気分を味わえるクレーターだらけの月の表面．漆黒の宇宙にぽっかり浮かぶ麦藁帽子をかぶったような土星．無数の宝石がまっ黒なビロードの上に投げ出されたように美しいプレアデス星団．宇宙空間に舞い上がった綿毛のようなオリオン大星雲．そんな謎と神秘に満ちた宇宙の姿をこの目で見てみたい．そんな夢をかなえてくれるのが，天体望遠鏡．

　ところが，いざ望遠鏡がほしくなって調べてみると，すぐあまりの種類の多さに愕然としてしまう．いったいどれを買ったらいいのか……．

　そして買ってはみたものの，組み立て方も使い方もよくわからない．どうしたらいいの……．

　でも心配御無用．誰でも最初はそうなのです．車の運転もそうでしたよね．ほんの少しのアドバイスと，ちょっとしたコツをつかめば，望遠鏡を自分の手足のように操ることができるようになります．あとは「習うより慣れろ」です．

　この本は，これから望遠鏡を買う方やうまく使えない方へ贈る，天体望遠鏡に関するアドバイスやコツを満載した，いわば「虎の巻」．

　きっと，マイ望遠鏡があなたの心を宇宙へと誘ってくれることでしょう．

CONTENTS 目次

まえがき ………………………………………………… 3
■天体望遠鏡で広がる世界
　月 ……………………………………………………… 8
　火星 …………………………………………………… 9
　木星 …………………………………………………… 10
　土星 …………………………………………………… 11
　星雲 …………………………………………………… 12
　銀河 …………………………………………………… 13
　星団 …………………………………………………… 14
　重星 …………………………………………………… 15
■天体望遠鏡の超基礎
　ガリレオはすごい …………………………………… 18
　いろいろある望遠鏡の仲間 ………………………… 20
　望遠鏡の性能は倍率じゃない！ …………………… 22
　倍率と視野の深い関係 ……………………………… 24
　小型天体望遠鏡で見える宇宙 ……………………… 26
　天体望遠鏡は三位一体 ……………………………… 28
　長い筒と太い筒〜鏡筒 ……………………………… 30
　太くて短い筒の望遠鏡 ……………………………… 32
　支える台が弱いと台なし〜架台 …………………… 34
■天体望遠鏡の選び方
　星の数ほどある望遠鏡 ……………………………… 38
　望遠鏡は屈折経緯台から …………………………… 40
　望遠鏡のアクセサリー ……………………………… 42
　望遠鏡をどこで買うか？ …………………………… 44
　こんな望遠鏡は買ってはいけない！ ……………… 46
　意外によく見える望遠鏡工作キット ……………… 48
■天体望遠鏡を使ってみよう
　天体望遠鏡〜各部の呼び名 ………………………… 52
　セットのチェック …………………………………… 54
　組み立てよう1〜三脚 ……………………………… 56
　組み立てよう2〜架台 ……………………………… 58
　組み立てよう3〜鏡筒 ……………………………… 60
　組み立てよう4〜ファインダー …………………… 62
　使ってみよう〜架台について ……………………… 64
　景色を見てみよう1〜景色を捉える ……………… 66
　景色を見てみよう2〜ピント合わせ ……………… 68
　景色を見てみよう3〜天頂プリズム ……………… 70
　景色を見てみよう4〜ファインダー ……………… 72
　月を入れてみよう …………………………………… 74
　うまく見えない理由 ………………………………… 76
　愛機のお手入れ ……………………………………… 78
　愛機改造計画 ………………………………………… 80

目次

■これだけは見ておきたい天体
- 月を見よう ... 84
- 太陽を見よう ... 86
- 金星を見よう ... 88
- 火星を見よう ... 89
- 木星を見よう ... 90
- 土星を見よう ... 91
- 星空を見よう～春 ... 92
- 星空を見よう～夏 ... 96
- 星空を見よう～秋 ... 100
- 星空を見よう～冬 ... 104

■星空の基本
- 星は動く～日周運動と年周運動 ... 110
- 天球とは ... 112
- 星の位置～地平座標と赤道座標 ... 114
- 星はいろいろ ... 116
- 星雲・星団のいろいろ ... 118
- 君の名は？～星の名前 ... 120

■望遠鏡の基本
- 望遠鏡の原理 ... 124
- 望遠鏡の実際の性能 ... 126
- 接眼レンズの世界 ... 128
- 赤道儀は面倒だが便利 ... 130
- 新兵器—自動導入望遠鏡 ... 132
- 初心者向け天体望遠鏡カタログ ... 134

■天体の資料
- 月面図 ... 138
- 明るい恒星 ... 139
- メシエ天体 ... 140

- あとがき ... 142

■コラム
- 望遠鏡のあゆみ～1　望遠鏡が宇宙を変えた ... 16
- 望遠鏡のあゆみ～2　ニュートンの反射望遠鏡 ... 36
- 望遠鏡のあゆみ～3　ハーシェルの大反射望遠鏡 ... 50
- 望遠鏡のあゆみ～4　屈折望遠鏡の逆襲～フラウンホーフェルの活躍 ... 82
- 望遠鏡のあゆみ～5　反射望遠鏡の復讐～フーコーの登場 ... 108
- 望遠鏡のあゆみ～6　近代巨大望遠鏡建設の先駆者～ヘールの尽力 ... 122
- 望遠鏡のあゆみ～7　すばる望遠鏡の誕生 ... 136

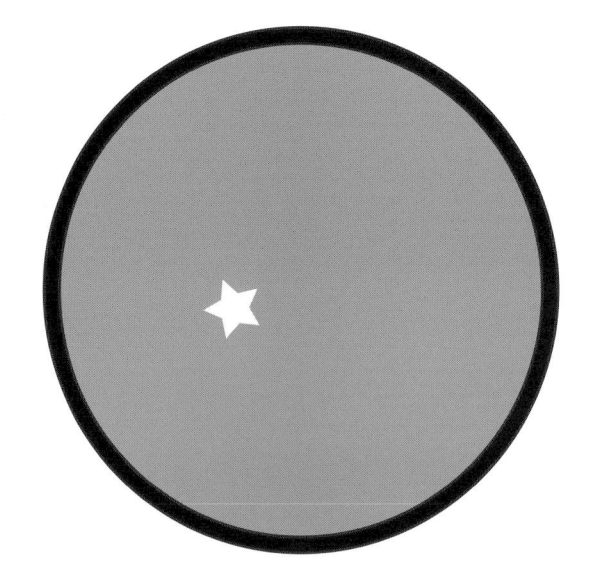

天体望遠鏡で広がる世界

月

地球の周りを巡る衛星，月．月は私たちの生活にリズムと潤いを与えてくれる天体です．そんな月にはじめて望遠鏡を向けたのは，ガリレオ・ガリレイでした．そこでガリレオが見たものは，無数のクレーターと山，そして海のように広がる暗く平らな平原でした．クレーターは倍率7倍程度の双眼鏡でも見ることができますが，望遠鏡で見ると，まるで宇宙船の窓から月を眺めているように間近に迫り，それは感動の連続です．

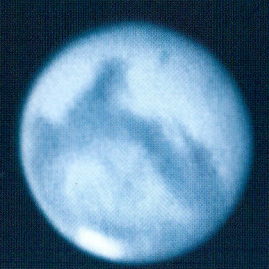

火星

地球のすぐ外側を回る火星．今から100年程前には，火星人が住んでいるとさえ言われた地球に似た惑星です．火星は，大きさが地球の半分ほどしかないので，2年2ヶ月ごとに訪れる地球接近のときでないと良く見えません．しかし接近したときには，小型望遠鏡でも，火星の北極や南極が白く光っているようすや，表面の薄黒いもようを見ることができ，自転によって見える模様が刻々と移り変わってゆくこともわかります．

木星

　直径が地球の12倍はあろうかという，太陽系最大の惑星，木星．1610年にガリレオは，木星の周りを回る4つの衛星を発見し，宇宙は天動説ではなく地動説が正しいと確信しました．この4つの衛星は，小型望遠鏡はもちろん双眼鏡でも見ることができます．また，本体に水平に走る縞もようは，口径4cm・50倍程度の望遠鏡でも見え，タイミングさえ合えば，木星の最大の名所ともいえる「大赤斑」もとらえることができます．

土星

太陽から15億kmも離れたところを，29年もかけて回る土星．1610年ガリレオは，土星を見て「土星にはこぶがある」と言ったとか．ガリレオの望遠鏡ではリングがあるようには見えなかったのです．しかし現在の小型望遠鏡ならリングがあることがすぐにわかります．リングは，木星にも天王星にも海王星にも発見されていますが，私たちが見ることができるのは，土星のリングだけなので，何度見ても飽きることはありません．

星雲

オリオン座の三ツ星の南に並ぶ小三ツ星の中央にかすかに見える光芒，オリオン大星雲．漆黒の闇に溶け込みそうな淡いガスが，空飛ぶコンドルのような形に広がっています．写真ではピンク色に見えるガスの中では，星が次々に誕生しています．星雲の中央近くに見える台形に並んだ4つの星トラペジウムは，まだ生まれて200万年ほどの幼い星たちです．オリオン大星雲は，まさに「星のゆりかご」でしょう．

銀河

アンドロメダ座の腰紐のあたりにぼんやりと見えるアンドロメダ銀河．アンドロメダ銀河とは，私たちの太陽が属する天の川銀河のすぐお隣にある別の銀河で，8000億個もの星が作る渦巻を斜めから見ている姿です．その大きさは，天の川銀河の2倍はあるといいます．満天の星空の下で双眼鏡などで見る姿は，楕円形に広がった光芒がどこまでも伸びているように感じ，宇宙の神秘を目の当たりにします．

星団

おうし座にある，6個から7個の星が寄り添っていることが肉眼でもかすかにわかる星の集団．このような天体を散開星団といいます．日本では「すばる」，西洋では「プレアデス」と呼ばれています．双眼鏡では，十数個の星が寄り添うように見え，20倍以下の望遠鏡では，さらに暗い星まで見えてきます．あたかも，漆黒のビロードの上に宝石箱をひっくり返したような眺めで，その美しさにはため息が漏れます．

重星

目では一つにしか見えないのに，望遠鏡で見ると二つの星が寄り添っている星を，二重星といいます．夜空にはたくさんの二重星がきらめいていますが，そのなかで最も美しい二重星は，はくちょう座のくちばしで光る「アルビレオ」でしょう．オレンジ色の3等星とブルーの5等星が寄り添っていて，宮沢賢治は，「銀河鉄道の夜」のなかでトパーズとサファイアと表現しています．この美しい色の対比を眺めて楽しみましょう．

望遠鏡のあゆみ〜1

◆望遠鏡が宇宙を変えた

　21世紀に生きる私たちは，地球が太陽の周りを回っているのを，当然のこととして理解しています．しかし今から2400年ほど前の古代ギリシャでは，「宇宙の中心は地球」という，アリストテレスの宇宙観が信じられていました．
　その宇宙とは，中心に地球があり，その外側に月，水星，金星，太陽，火星，木星，土星が，各層を構成しているのです．これらの天体は，地球に存在する4元素である，火・空気・水・土とは異なる，完全元素である第5元素「エーテル」からなる特別な物とされ，天球上を永遠に円運動をしていると考えました．そして，もっとも外側の層には「不動の動者」である世界全体を包む「第一動者」が存在し，すべての運動の究極の原因，つまり神であるとしたのです．
　この自然哲学的宇宙観「天動説」から，真の科学的宇宙観「地動説」へと移り変

わるきっかけを作ったのが，16〜17世紀に登場した，コペルニクス，ガリレオ，ケプラー，ニュートンでした．そして科学を生み出す原動力の一つとなったのが，この時代に登場した望遠鏡だったのです．

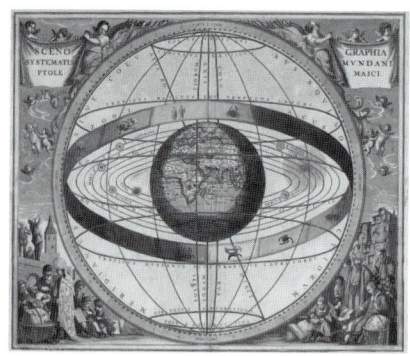

天動説の宇宙

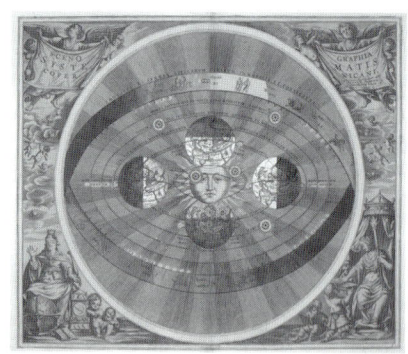

地動説の宇宙

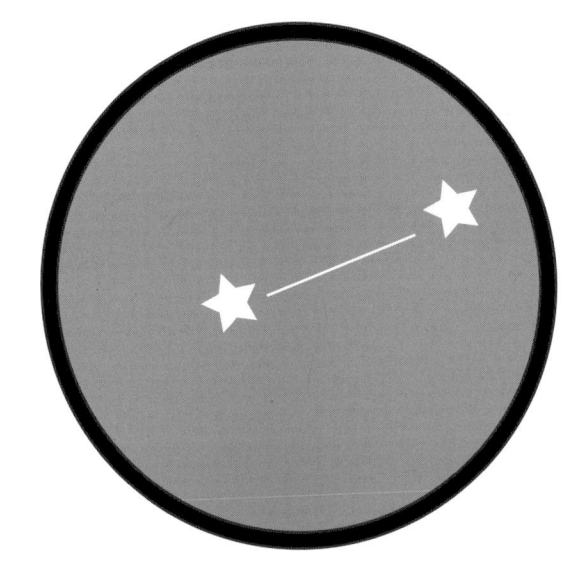

天体望遠鏡の超基礎

ガリレオはすごい

17世紀初頭，オランダのめがね屋・リッペルスハイは，面白いものを発明しました．それはなんと「はるか彼方のものを目の前に引き寄せて見ることのできる装置」だったのです．「筒めがね」と呼ばれるようになったその器械は，歴史を大きく変えてゆくことになりました．「筒めがね」に最初に注目したのは軍隊でした．なにしろ，敵国よりもいち早く敵軍の動きを察知できるのですから，勝つための秘密兵器としての能力を十分に持っていたしろものだったからです．

■「筒めがね」が宇宙を変えた

「筒めがね」がヨーロッパ諸国で流行り始めたころ，イタリアの科学者ガリレオ・ガリレイの耳にもそのうわさが伝わってきました．好奇心旺盛なガリレオは，その情報にすぐに飛びつき，自分なりに「筒めがね」を設計製作し，科学者として光学理論を打ち立てたのです．そして一儲けできると考えたガリレオは，ベネチアの総督に売り込み，高給と名誉を手にしています．

ガリレオ・ガリレイ
1564〜1642

それとともに「筒めがね」を科学の目として使うことも，ガリレオは忘れてはいませんでした．1609年秋，ガリレオは人類史上初めて「筒めがね」を宇宙に向けたのです．そして月の表面が地球に似ていることを発見しました．その後，天の川は星の集まりであること，木星の周りを回る4つの衛星，金星の満ち欠け，土星の"こぶ"，太陽黒点などを次々に発見していったのです．

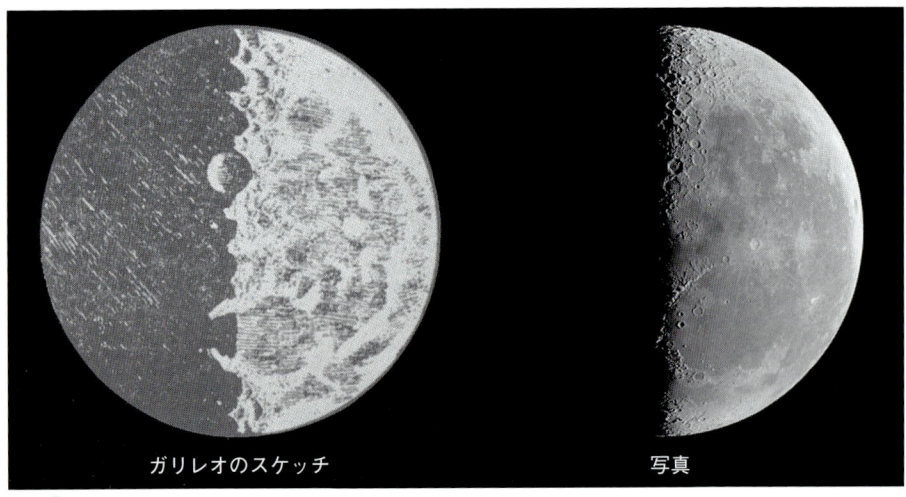

ガリレオのスケッチ　　　　　写真

そして当時，当たり前のように信じられていた「宇宙の中心は地球であり，宇宙は目に見えるものがすべて」という概念が大きく塗り替えられてゆく時代へと突入していったのです．

やがて，「筒めがね」は「望遠鏡」と呼ばれるようになり，天文学の発展には欠かせないものとなっていきました．

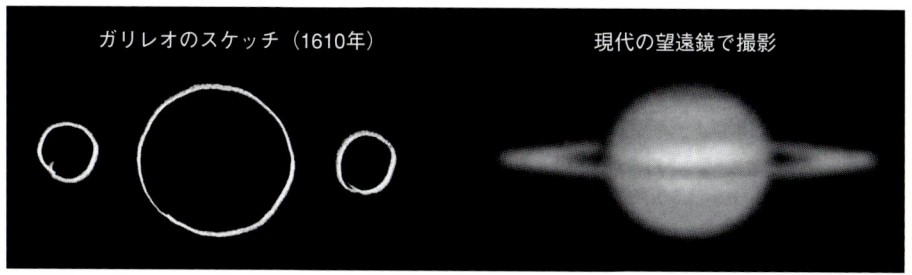

ガリレオのスケッチ（1610年）　　現代の望遠鏡で撮影

■現代の望遠鏡

ガリレオの望遠鏡は，400年前は高性能望遠鏡でしたが，21世紀に生きている私たちが普通に使っている入門用望遠鏡をガリレオが覗いたら，あまりにも見えすぎて卒倒してしまうことでしょう．現代の望遠鏡はそれぐらい高性能なのです．

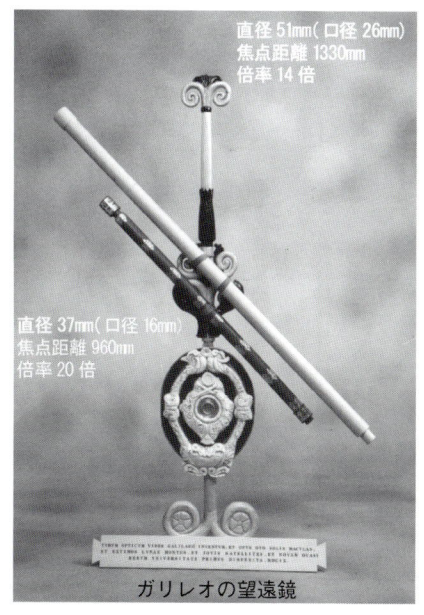

ガリレオの望遠鏡

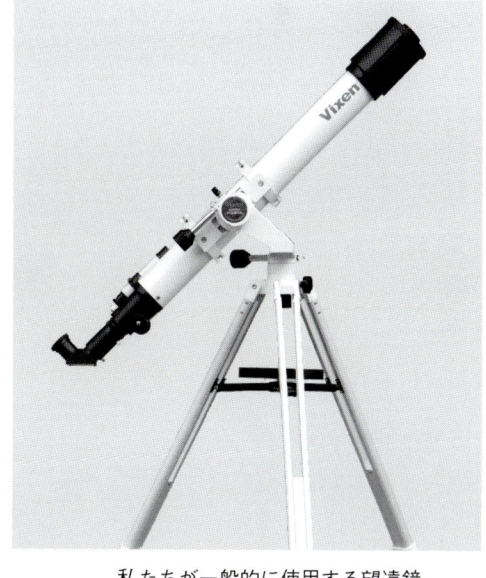

私たちが一般的に使用する望遠鏡

いろいろある望遠鏡の仲間

ひと口に望遠鏡と言ってもいろいろです．野鳥観察に使うフィールドスコープも，手で持って両眼で見る双眼鏡も，言ってみれば望遠鏡の仲間．いったい天体望遠鏡とは何がどう違うのでしょう．

望遠鏡の種類	大きさ	倍率	見える範囲
天体望遠鏡	口径80mm程度の場合 筒の太さ：10cm前後 筒の長さ：100cm前後 重量：5kg〜10kg 三脚：専用三脚 全高：1m〜1.5m 大きめで機動性はあまりないが，しっかりしている．	30倍〜160倍 接眼レンズの交換によって，倍率を変える．	1.5°〜0.3° 倍率が高いため見える範囲は狭い．
フィールドスコープ	口径70mm程度の場合 筒の太さ：8cm前後 筒の長さ：40cm前後 重量：2kg〜5kg 三脚：カメラ三脚 全高：1m〜1.5m コンパクトで機動性に富む．	10倍〜30倍 ズーム式で，倍率を連続的に変えることができるものが多い．	5°〜2° 倍率が低いので，天体望遠鏡より見える範囲は少し広い．
双眼鏡	口径40mm程度の場合 筒の太さ：5cm前後×2 筒の長さ：15cm前後 重量：0.5kg〜0.8kg 三脚：手持ち 　　　カメラ三脚 携帯性に富み，いつでもどこでも，すぐに使える．	7倍〜10倍 ズーム式もあるが，一般的に倍率は固定．	7°〜5° 倍率が低いため，見える範囲は広い．

購入前編～天体望遠鏡の超基礎

■天体望遠鏡は倒立像で高倍率

　双眼鏡やフィールドスコープは，像の向きは上下左右そのままの正立像で，倍率は低めです．また機動性が重視されるので，軽量コンパクトです．一方天体望遠鏡は，像は上下左右さかさまの倒立像で，架台は丈夫でしっかりしています．

像の向き	用途	月の見え方
上下左右さかさまの倒立像	天体観察 月・惑星 星雲・星団 二重星 月食 太陽投影板を使って，太陽，日食 ありとあらゆる天体	100倍
肉眼で見たときと同じ正立像	野鳥観察 自然観察 月 大きめの星雲・星団 月食	25倍
肉眼で見たときと同じ正立像	自然観察 野鳥・昆虫観察 樹木・花の観察 月の満ち欠け 大きく明るい星雲・星団 月食	8倍

21

望遠鏡の性能は倍率じゃない！

天体望遠鏡の性能は何で決まる？「倍率」か「筒の太さ（対物レンズの直径）」か「筒の長さ(対物レンズの焦点距離)」なのか？　思わず「倍率じゃないの」と言いたくなるところですが……．"遠くを望む鏡"と書いて「望遠鏡」．だから望遠鏡は，遠くを見る物．つまりより遠くの暗い天体を見る道具ということになるのです．ということは，望遠鏡の性能は倍率では決まらない？

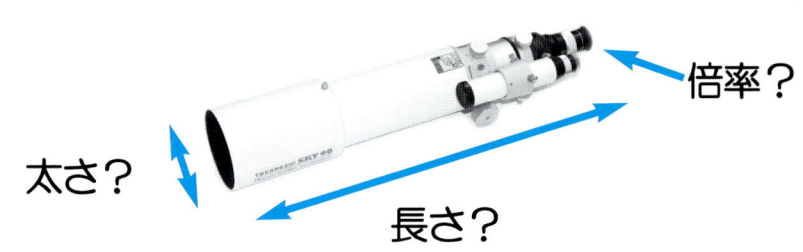

太さ？　長さ？　倍率？

■望遠鏡の性能は口径で決まる

　性能の良い望遠鏡とは，できるだけ多くの光を集めるということになります．
　たとえばこんなことを考えてみましょう．雨が降る日に直径20cmと10cmのバケツを1時間外に出したとします．そのときにどちらのバケツにより多くの雨水がたまるか？　当然，直径20cmのバケツの方がたくさん雨水がたまることになりますね．
　望遠鏡の性能も，まさにこれと同じ．対物レンズの直径(口径)が大きくないと，星の光はたくさん入りません．だから性能としてはより多くの光を集めることができる，目玉（対物レンズ）が大きい望遠鏡ほど性能が良くなるというわけなのです．
　ただし，対物レンズが大きくなるということは，望遠鏡自体が巨大化し，重量も増すために，私たちが手軽に楽しめる望遠鏡の口径は，せいぜい20cmまででしょう．

1999年，日本がハワイのマウナケア山に建設した「すばる望遠鏡」．口径は8.2mもある．

購入前編〜天体望遠鏡の超基礎

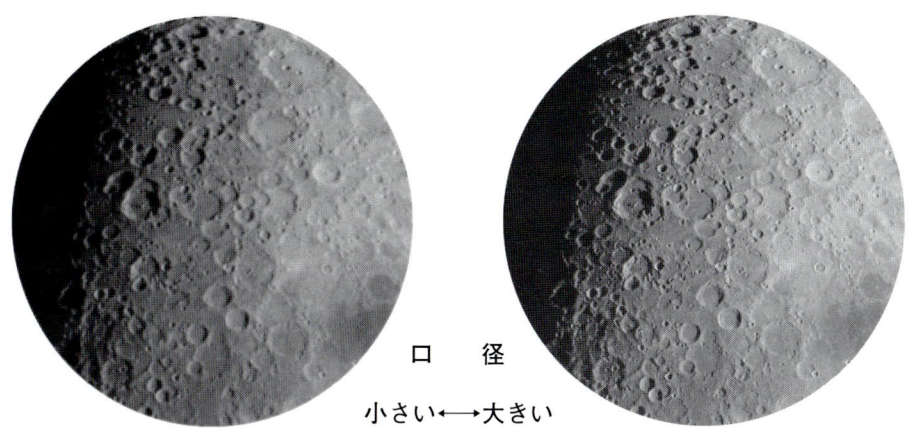

口径
小さい←→大きい

■望遠鏡の性能を表す3要素

　性能の良い望遠鏡とは，倍率を上げても像がシャープでクリアーに見える望遠鏡のことを言います．対物レンズの口径が大きくなければならないのです．一般的に望遠鏡の性能は，次の3つの要素で表され，すべて対物レンズの口径で決まります．

★分解能（ぶんかいのう）
　どれぐらい細かいところまで見ることができるかを示しています．単位は，1°の1/3600の秒で表され，数字が小さいほど性能が良いことになります．

★極限等級（きょくげんとうきゅう）
　6等星まで見える星空で，望遠鏡を使った時に何等星まで見えるかを示しています．数字が大きいほど暗い星まで見ることができます．

★集光力（しゅうこうりょく）
　ひとみ径7mmの人が集めることができる光を1として，望遠鏡が何倍の光を集めるかを示しています．肉眼の何倍という表示になります．

機種名	GP2-R200SS(N)	機種名	GP2-A80Mf(N)
鏡筒部	仕様	鏡筒部	仕様
対物レンズ(主鏡)有効径	200mm／放物面，マルチコート	対物レンズ(主鏡)有効径	80mm／アクロマート，マルチコート
焦点距離(口径比F)	800mm(F4) 広視界	焦点距離(口径比F)	910mm(F11.4)
分解能・極限等級	0.58秒・13.3等星	分解能・極限等級	1.45秒・11.3等星
集光力	肉眼の816倍	集光力	肉眼の131倍
サイズ・重さ	長さ700mm 外径232mm 7.2kg(本体5.3kg)	サイズ・重さ	長さ860mm 外径90mm 3.3kg(本体2.5kg)
ファインダー	暗視野7倍50mm 実視界7度	ファインダー	6倍30mm 実視界7度

　実際に望遠鏡のカタログを見てみると，望遠鏡の理論的な性能を表す分解能，集光力，極限等級といった数値は，対物レンズの口径が大きくなるほど良くなっている．

倍率と視野の深い関係

望遠鏡の性能は口径で決まるとわかっていても，やっぱり，倍率が高い方がよく見えるような気がしますよね．たしかに見るものによって見合った倍率があるのは事実．だから天体望遠鏡の倍率は，覗くところに取り付ける接眼レンズ（アイピース）によって変えることができるのです．なので，天体望遠鏡のセットには少なくとも低倍率，高倍率用の2個の接眼レンズが付属しています．

■倍率の計算

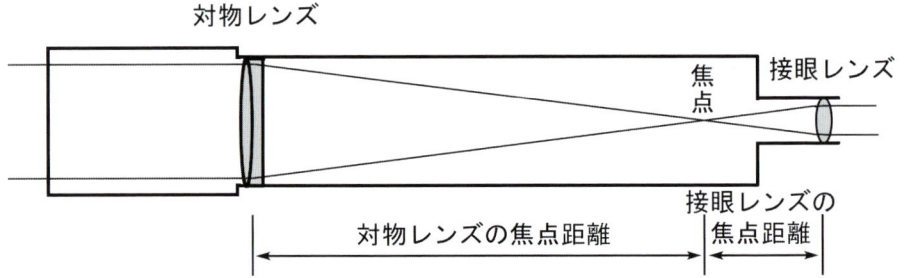

倍率は，次の式で計算することができます．

倍率＝対物レンズの焦点距離÷接眼レンズの焦点距離

たとえば，対物レンズの焦点距離が1200mmで，接眼レンズの焦点距離が12mmと24mmならば，1200÷12＝100倍，1200÷24＝50倍ということになります．ということは，もし焦点距離4mmの接眼レンズがあれば，1200÷4＝300倍．つまり，接眼レンズしだいで計算上は何倍にでもなるというわけです．

■限界倍率

けれども望遠鏡には，「これ以上倍率を上げても無駄だよ」という有効最高倍率（限界倍率）というものがあります．それは，対物レンズの口径(mm)を2倍した数値が目安となります．たとえば，口径80mmの望遠鏡の場合は，

80×2＝160

つまり口径80mmの望遠鏡では，160倍以上にしても，像が暗くなるばかりでかえって見づらくなるということなのです．

購入前編〜天体望遠鏡の超基礎

■覗いたときに見える範囲＝実視野

　倍率が高ければ高いほど，見えているものの大きさは当然大きくなります．ところが，倍率を高くするということは，見ているものの一部分を拡大して見ることになるので，見えている範囲は倍率に比例して狭くなってゆくのです．わかりやすく言うと，100倍で見える範囲は50倍の半分ということです．

倍率　50倍　　　　　　　　　倍率　100倍　　　　　　　　倍率　200倍
実視野　1°　　　　24mm　　実視野　0.5°　　　12mm　　実視野　0.25°　　　6mm

　望遠鏡を覗いたときに見える丸い範囲(直径)を実視野(実視界)といって，望遠鏡の筒の太さには関係なく，基本的に倍率で決まります．実視野は，50倍でおおむね1°．腕を伸ばして立てた小指の爪の幅で隠れる範囲が約1°であることを考えると，望遠鏡で見えている範囲は，想像以上に狭いことがわかりますね．ちなみに月を覗いた場合，月の視直径（見かけの大きさ）は0.5°なので，50倍（実視野1°）では視野の半分の大きさに，100倍（実視野は0.5°）では視野いっぱいに，200倍（実視野0.25°）では月の一部分しか見えないほどの強拡大となります．

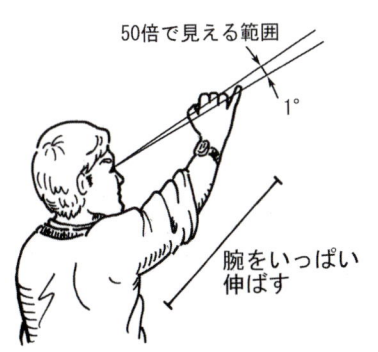

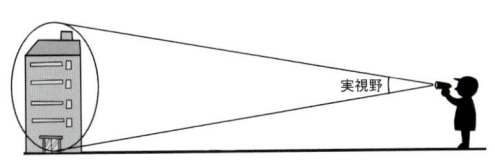

実視野について
実視野とは，望遠鏡で覗いたときに見えている範囲のこと．望遠鏡で見ている範囲を肉眼で見た場合に置き換えたときの範囲で，角度で表される．50倍で見える範囲は，約1°．

25

小型天体望遠鏡で見える宇宙

最近は，すばる望遠鏡やハッブル宇宙望遠鏡が撮影した素晴らしい写真を，書籍やネットで簡単に見ることができる時代になりました．いったい，私たちが手に入れることができる小さな望遠鏡で眺めたら，どんな宇宙が広がるのでしょう．ハッブル宇宙望遠鏡にはかないませんが，小型望遠鏡でも十分に本物の宇宙を味わうことができるのです．

天体	口径8cm	口径20cm
■月 地球に一番近い天体，月．クレーターはもちろん，山脈や谷まで見えて，驚きの連続．高倍率では，まるで宇宙船の窓から眺めているようで迫力満点．月齢ごとに見える景色が違うので，新月の前後以外はいつも楽しめる．		
■土星 リングがあることでおなじみの惑星，土星．小さな望遠鏡でも，30倍ぐらいで，リングがちゃんと見える．少し大きな望遠鏡なら100倍以上で，本体のもようや，リングの中にある隙間まで見える．どれだけ見ても飽きない．		
■木星 太陽系最大の惑星，木星．低倍率で木星本体と4つの衛星，100倍以上で本体の縞もようが見え，大口径になるほど，見える縞の本数が増え，縞の濃淡や形状までわかる．もちろん木星の名物「大赤斑」もバッチリ．		

■星雲は写真のようには見えない

　天体望遠鏡で見る月や土星の姿は，きっと心の底から感動が沸き上がってくることでしょう．それならアンドロメダ銀河もオリオン大星雲も写真のような素晴らしい姿が見えるだろうと期待して望遠鏡を向けると，淡くてがっかりしてしまいます．でも，何千年も何万年も宇宙を旅してきた光を，今，直接見ていることに感動があるのです．

天体	口径8cm	口径20cm

■星団
星の集団のことを星団という．星が散らばった散開星団と，星が球状にぎっしり詰まった球状星団がある．散開星団は，小口径望遠鏡でも楽しめるものが多い．すばるやプレセペなど，明るい散開星団を見てみよう．

■星雲
ガス状の天体を星雲という．写真では素晴らしい姿を見せてくれるが，目で見るとあまりぱっとしない．それでも，ちゃんと星雲の姿を見ることができ，写真とは違った，新鮮な感動がある．

■二重星
二つの星が接近して光っている星を二重星という．色の対比が美しいものから，ものすごく接近していて，分離できるかできないかきわどいものまでさまざま．美しさとドキドキ感がたまらない．

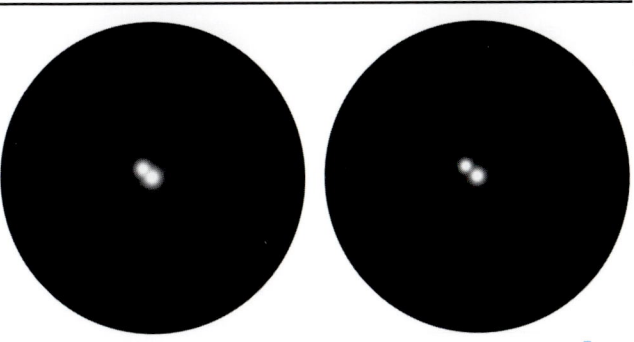

天体望遠鏡は三位一体

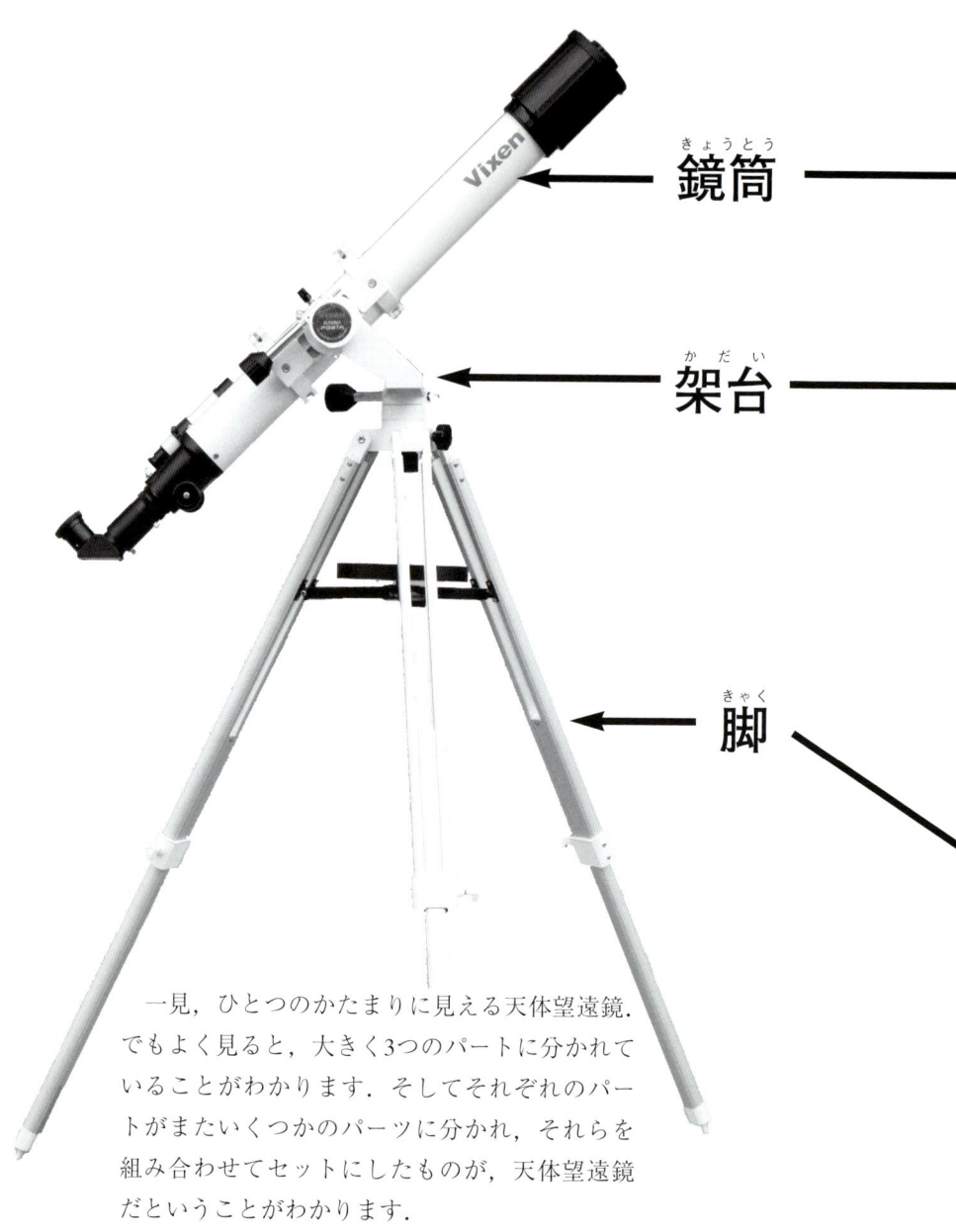

鏡筒（きょうとう）

架台（かだい）

脚（きゃく）

　一見，ひとつのかたまりに見える天体望遠鏡．でもよく見ると，大きく3つのパートに分かれていることがわかります．そしてそれぞれのパートがまたいくつかのパーツに分かれ，それらを組み合わせてセットにしたものが，天体望遠鏡だということがわかります．

購入前編〜天体望遠鏡の超基礎

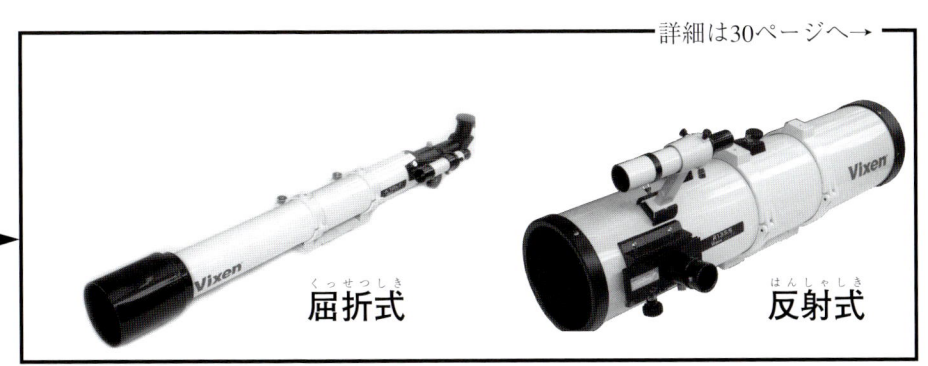

詳細は30ページへ→

屈折式(くっせつしき)　　反射式(はんしゃしき)

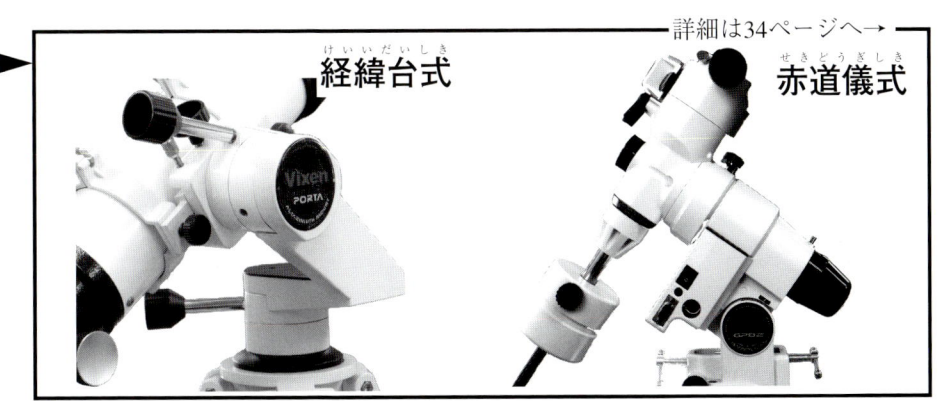

詳細は34ページへ→

経緯台式(けいいだいしき)　　赤道儀式(せきどうぎしき)

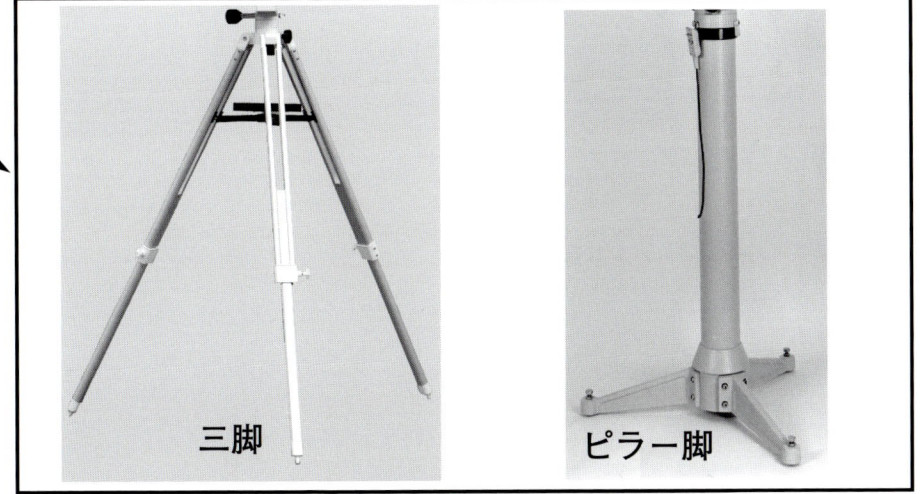

三脚　　ピラー脚

長い筒と太い筒〜鏡筒

望遠鏡の生命ともいえる、対物レンズや主鏡の入った筒の部分を「鏡筒(きょうとう)」といいます。電柱のように細長いものもあれば、ドラム缶のように太く短いものもあります。おおむね、細長い方がレンズを使った屈折式、太い方が鏡を使った反射式です。

■屈折式

より望遠鏡らしい、白く細長い形状の鏡筒が屈折式です。

筒の前方に装着してある凸レンズによって、星からの光を内側に屈折させて1点に集めることから、屈折式と呼びます。屈折式にはガリレオ式とケプラー式がありますが、近年の天体望遠鏡はすべてケプラー式です。

対物レンズは凸レンズ1枚ではなく、2〜3枚のレンズを組み合わせてより高性能にしてあります。扱いやすいのとコンスタントに良い像が見えることが特徴です。

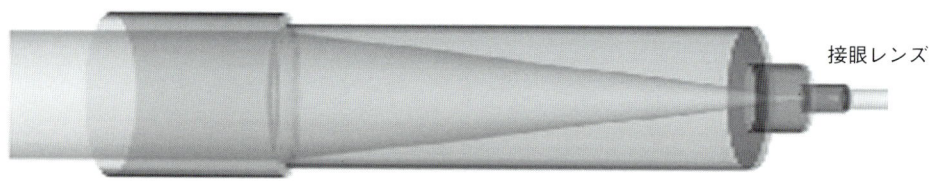

ケプラー式屈折望遠鏡
対物レンズで屈折した光は、焦点を結び像を作る。その像を、後方に取り付けられたもう一つの凸レンズ（接眼レンズ）で拡大する。

■筒のない鏡筒もある

　大型の反射望遠鏡の鏡筒は，パイプやアングルを組み合わせたトラス構造のものがあります．これをフレーム鏡筒と呼んでいます．鏡筒の軽量化と鏡筒内の乱気流防止に役立ちますが，横から不要な光が入り，像のコントラストを低下させることもあります．

■反射式

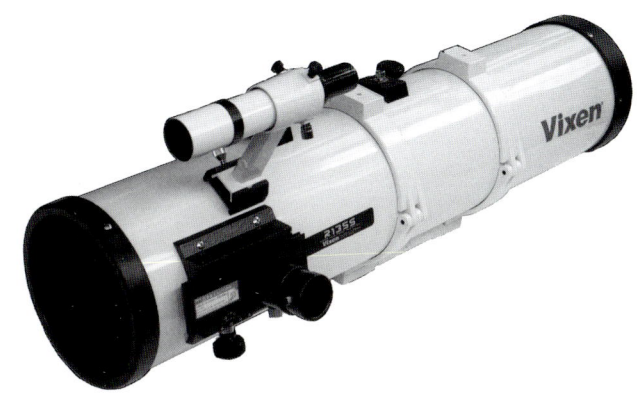

　屈折式に比べると，ずんぐりむっくりした鏡筒が反射式です．
　レンズではなく，中央を精密に研磨した凹面鏡を対物鏡として使い，星からの光を内側に反射させ，1点に集めることから，反射式と呼びます．
　通常，主鏡と副鏡の2枚で構成されています．その組み合わせ方によって，形式は数種類ありますが，入門機では，平面鏡を45°傾けた斜鏡を使ったニュートン式が一般的です．

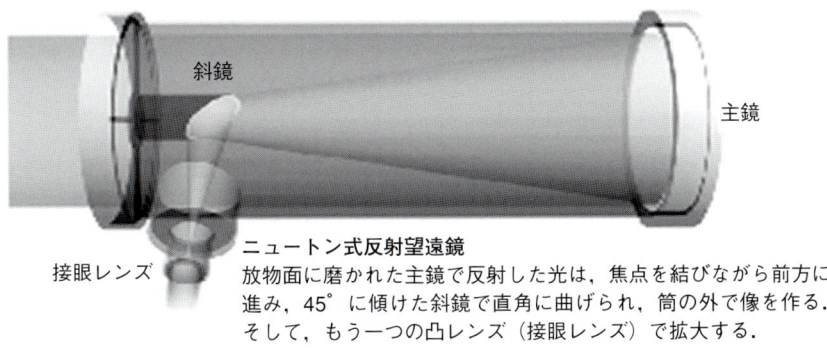

ニュートン式反射望遠鏡
放物面に磨かれた主鏡で反射した光は，焦点を結びながら前方に進み，45°に傾けた斜鏡で直角に曲げられ，筒の外で像を作る．そして，もう一つの凸レンズ（接眼レンズ）で拡大する．

太くて短い筒の望遠鏡

鏡筒の種類には，ニュートン式反射よりもさらに太くて短い鏡筒があります．その多くは，筒の前方にレンズのようなものがあり，後方に反射鏡があります．そして覗く位置は筒の下端です．このような望遠鏡をカタディオプトリック式といい，主にシュミットカセグレン式と，マクストフカセグレン式の2種類に分かれます．

■シュミットカセグレン望遠鏡

カセグレン式の主鏡を，研磨しやすい球面にして，それによって生じる球面収差を鏡筒の先端に取り付けた非球面の補正板で補正した望遠鏡です．カセグレン式と同じように，鏡筒の長さは焦点距離の1/3程というコンパクトさ．像はアポクロマート屈折やニュートン式反射に比べると，やや甘いです．

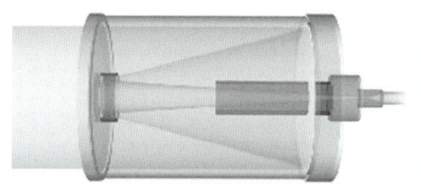
シュミットカセグレン望遠鏡

■マクストフカセグレン望遠鏡

非球面の補正板の代わりに，凹レンズのような形のメニスカスレンズを使った望遠鏡．補正板の中央をメッキして副鏡としています．つまり，すべてが球面で構成された望遠鏡で，マクストフカセグレンとも呼ばれています．口径9cm〜15cmのコンパクトな望遠鏡に，この光学系がよく用いられます．

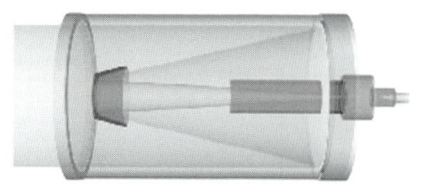
マクストフカセグレン望遠鏡

■カセグレン式とは

ニュートン式反射と並ぶ，反射望遠鏡の形式の一つ．主鏡に中央に穴をあけた放物面鏡を用い，副鏡には凸の双曲面鏡を使います．副鏡で反射した光は，焦点距離を伸ばし，主鏡の方へ戻り，主鏡中央の穴から筒の外に出て焦点を結ぶ形式で，カセグレン式といいます．

特徴は，筒の長さが焦点距離の約1/3で済むため，非常にコンパクトにできることですが，副鏡の研磨が難しいことがネックです．

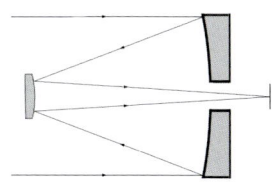

■近未来的デザイン

カタディオプトリック式の鏡筒を載せる架台の多くは，一般の望遠鏡用架台とはかなりイメージが違います．

基本は，鏡筒を支える腕の部分が長く伸びたフォーク式と呼ばれる経緯台で，内蔵されたコンピューターにより，星の導入や追尾が自動的にできるようになっています．

普通の天体望遠鏡とは思えない，斬新で近未来を感じさせるかっこいいデザインであるといえるでしょう．

中型シュミットカセグレン望遠鏡

支える台が弱いと台なし〜架台

架台とは，鏡筒と三脚の間に挟まれた，望遠鏡を上下左右に動かし，しっかり固定する部分のことです．小型の望遠鏡ではコンパクトな場合が多いので，あまり存在感がありません．しかしこの架台の精度と強度で，望遠鏡の使い勝手は天と地ほどの差になってしまうほどです．

■経緯台式

鏡筒を水平と垂直の二方向に動かして天体を捉える架台．景色や星座を探すときと同じように，方位と高度で望遠鏡を操作することができるので，操作に違和感がなくわかりやすい．まためんどうな組立てや据付作業がないため，庭先・ベランダ・キャンプ場などいつでもどこでも手軽に使うことができます．カメラやビデオ用の三脚も，経緯台の一種と言えます．ただし星の動きを追うときは，たえず上下方向と左右方向に動かさないといけません．

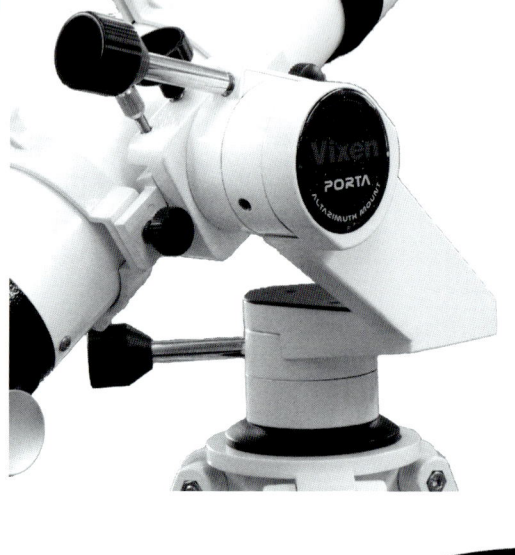

■星の動きと架台の動き

夜空に見える天体はすべて，時間とともに太陽と同じように東から昇り，南で一番高いところを通過し，西に沈んでゆきます．これを1日の星の動きという意味合いから，「日周運動」と呼んでいます．

そのおかげで，一度望遠鏡の視野に捉えた星は，時間がたつにつれてずれていき，やがて視野から出てしまうのです．ですから長時間同じ星を見続け

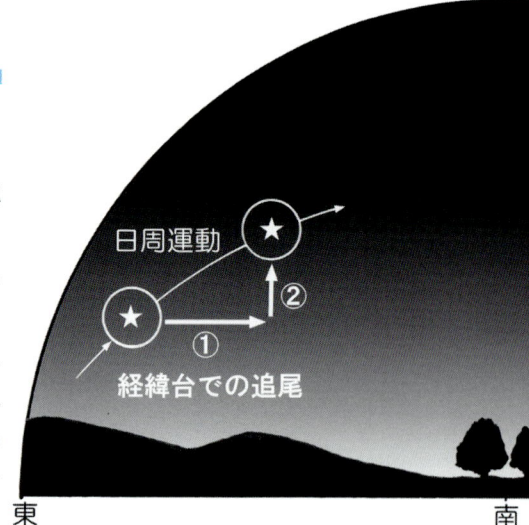

■天体撮影には赤道儀

美しい天の川の写真や，神秘的な星雲などの天体写真撮影は，数分から数十分という長時間露出をしなくてはなりません．星はその間に日周運動で動いてゆくので，星を点像にとどめるには，たえず星を追尾する必要があります．その時に必要不可欠な架台が赤道儀です．天体撮影が目的の場合は，迷わず赤道儀を選びましょう．

■赤道儀式

直交している二軸の一つを天の北極に向けてセットすることで，星の動きと全く同じ動きをする架台．つまり，一度捉えた星は，星が東から西にずれても，一つの軸の回転だけで再び視野に捉えることができるのです．最近の多くの赤道儀には，星の動きと同じ速さで回転するモーターが付いていて，一度捉えた星は，ずっと視野の中にとどまっています．とても便利な架台ですが，据付が面倒なこと，経緯台より重たいという煩雑さがあります．

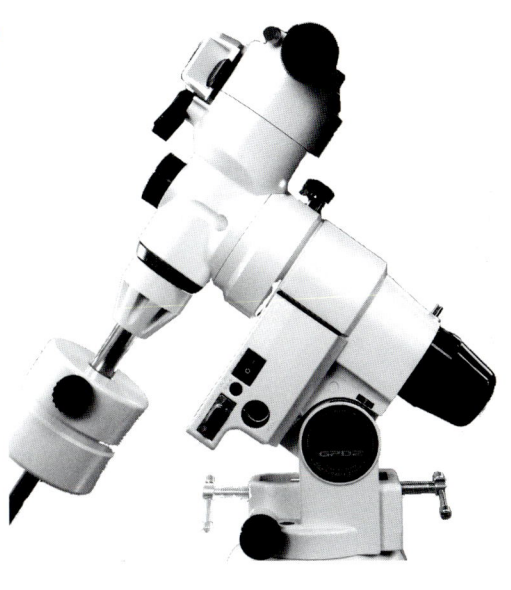

るためには，たえず望遠鏡を，星の動きつまり日周運動に合わせて動かさなくてはなりません．

星が動く量は，1時間あたり15°，1分あたり0.25°と微々たるものです．これは50倍の視野を端から端まで横切る時間が4分，100倍では2分ということになります．ただし像を拡大して見ている望遠鏡では，この動きも拡大されることになり，想像以上に早く移動していると感じるものです．

望遠鏡のあゆみ〜2

◆ニュートンの反射望遠鏡

　ガリレオが製作したガリレオ式望遠鏡を，ケプラーが改良してケプラー式望遠鏡を考案，屈折望遠鏡は進化していきました．しかし焦点距離を短くすると，レンズが分厚くなって，像がぼけてしまうという欠点を持っていました．おかげで望遠鏡はどんどん長くなり，60mをこえてしまうありさま．

　1666年，万有引力の法則の発見でおなじみのアイザック・ニュートンは，太陽光がガラスに入って屈折すると，必ず虹の7色に分かれることを発見しました．これが屈折望遠鏡の像を悪くする原因だったのです．このときニュートンは，屈折望遠鏡に未来はないと確信し，1663年にグレゴリーが考案した，放物面に磨いた鏡で光を反射させて焦点を結ぶ，反射望遠鏡の研究を始めたのです．

　そして1672年，ニュートンは独自の反射望遠鏡を完成させました．鏡面は金属板を磨いたもので，主鏡口径34mm，焦点距離159mm，倍率38倍のささやかな望遠鏡でした．主鏡で反射した光を45°に傾けた平面鏡で反射させ，筒の外に出して横から覗く，ニュートン式反射望遠鏡の誕生です．これ以降，反射望遠鏡の全盛時代が訪れるのでした．

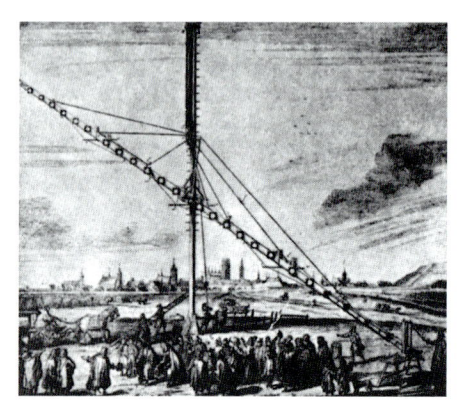

長すぎた昔の屈折望遠鏡

ニュートンの反射望遠鏡

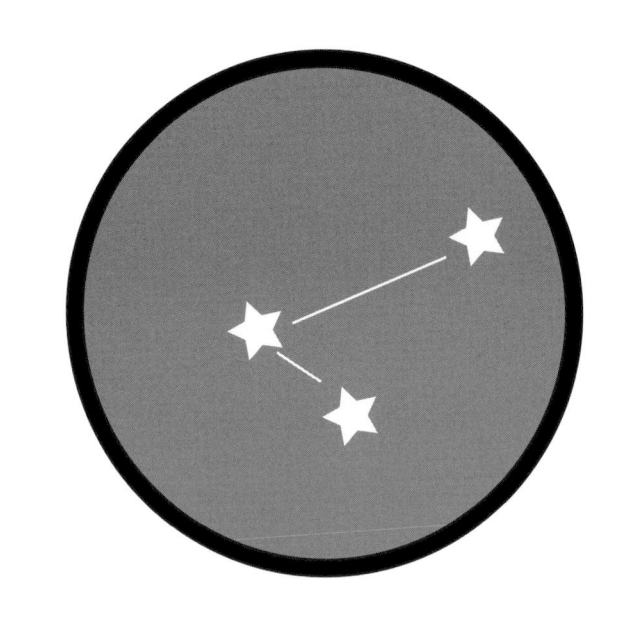

天体望遠鏡の選び方

✦ 星の数ほどある望遠鏡

望遠鏡購入の第一歩は、まずカタログを集めることから始まります。カタログは、天体望遠鏡専門店や天体望遠鏡を展示しているメガネ店やカメラ店で手に入れることができます。近所にそういった店がなければ、天文雑誌の広告を見て、メーカーや販売店にカタログを請求しましょう。最近は、望遠鏡メーカーのホームページなどからカタログをプリントアウトしたり、ネットショップから情報を入手するという方法もあります。便利な時代になりました。

■ まずはカタログを集めよう

星に興味を持った誰もが一度はあこがれる天体望遠鏡。ふとしたきっかけで天体望遠鏡が欲しくなると、電柱を見れば長焦点屈折に見え、ドラム缶を見れば短焦点反射に見えてくるというように、世の中の円筒形のものすべてが望遠鏡に見えてきます。これを"天体望遠鏡欲求症候群"といい、この症状から立ち直るには、とにかく天体望遠鏡を手に入れるしかなさそうです。

望遠鏡購入の第一歩は、まずカタログを集めカタログの中身を知り尽くすことから始まります。ところが、いざカタログを開いて見てみると、意味不明の見出しや専門用語がやたらと出てきて、何が何だかよくわからなくなって、頭がこんがらがってしまいませんか。

それこそ星の数ほどある天体望遠鏡の中から、自分にぴったりな機種を見つけだすのは、至難の技。しかし、望遠鏡の原理や仕組み、専門用語を一つ一つ解明して、マイ望遠鏡にたどり着くまでが、本当は一番楽しいひとときでもあるのです。

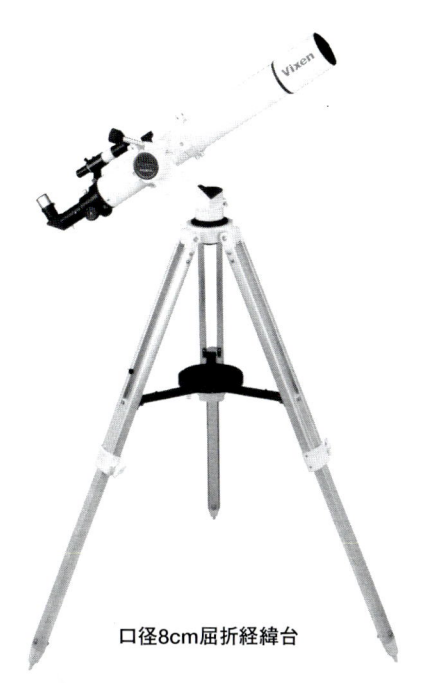

購入前編〜天体望遠鏡の選び方

口径8cm屈折経緯台

鏡筒部	仕様
機種名	ポルタⅡ A80M
対物レンズ(主鏡)有効径	80mm／アクロマート・マルチコート
焦点距離(口径比F)	910mm (F11.4)
分解能・極限等級	1.45秒・11.3等星
集光力	肉眼の131倍
サイズ・重さ	長さ890mm 外径90mm 3.5kg(本体2.5kg)
ファインダー	XYスポットファインダー(等倍)
パーツ取付サイズ	ネジ込み／60mm・42mmTリング用ネジ 差し込み／50.8mm・31.7mm(フリップミラー付)
接眼レンズ(手注) (31.7mm径)	NPL20mm(46倍,実視界65分) NPL6mm(152倍,実視界20分)
その他	仕様
付属品	星空ガイドブック、星座早見盤
写真撮影	拡大、直焦、コンパクトデジカメ(コリメート)撮影可 ※別途カメラアダプター等が必要
太陽観察	太陽投影板セット(別売)併用にて可
総重量	9.2kg(接眼レンズ別)

口径20cm反射赤道儀

鏡筒部	仕様
機種名	GP2-R200SS(N)
対物レンズ(主鏡)有効径	200mm／放物面・マルチコート
焦点距離(口径比F)	800mm (F4)広視界
分解能・極限等級	0.58秒・13.3等星
集光力	肉眼の816倍
サイズ・重さ	長さ700mm 外径232mm 7.2kg(本体5.3kg)
ファインダー	暗視野7倍50mm 実視界7度
機器部	仕様
パーツ取付サイズ	ネジ込み／60mm・42mmTリング用ネジ 差し込み／31.7mm
接眼レンズ(手注) (31.7mm径)	NPL20mm(40倍,実視界75分) NPL6mm(133倍,実視界23分)
三脚	仕様
材質・形式	大型六角形アルミ製2段伸縮式(ワンタッチ式)
サイズ・重さ	長さ81〜130cm 5.5kg
その他	仕様
付属品	パーツケース、星空ガイドブック、星座早見盤、ウェイト1.9kg×1個・3.7kg×1個
写真撮影	拡大、直焦、コンパクトデジカメ(コリメート)撮影可 ※別途カメラアダプター等が必要
太陽観察	不可
総重量	22.3kg(電池・接眼レンズ別)

　気になる望遠鏡の価格は，口径が大きくなるとお値段が級数的に高くなります．屈折式と反射式では口径が同じなら反射式の方が安価です．また，同じタイプ・同じカタログスペックなのに価格が違うのは，アイピース等の付属品の量はもちろん，対物レンズの性能や，架台の精度・強度など，カタログデータからは読み取れない品質の差があるからと考えてもいいでしょう．当然のことですが，高価なものほど性能は良いというわけです．

(上の写真と表は，メーカーのカタログより抜粋したものです)

望遠鏡は屈折経緯台から

カタログは望遠鏡選びには欠かせないものですが、実際のところ、カタログだけではよくわからないものです。特に鏡筒の分解能・集光力・極限等級は、その望遠鏡で実際に測定した値ではなく計算値なので、口径が同じなら値段が違っても、屈折も反射もみんな同じ数値になっています。しかし実際の性能はもちろん違うのです。

■屈折か反射か

望遠鏡選びでの最大の悩みは、屈折にするか反射にするかというところ。同口径で比較すると反射の方が割安感がありますが、光軸修正・鏡面清掃・再メッキといったわずらわしさもあります。その点、屈折は、操作性の良さ、メンテナンスが楽だという、ビギナーには嬉しいメリットがあります。大口径でもコンパクトな、シュミットカセグレンやマクストフカセグレンも魅力ですね。悩んでしまったときは視点を変えて、自分自身の性格をよく考えてみることです。機械いじりやパズルなど手間暇のかかることが嫌いで、できるだけ手軽に楽しみたいという人は、手間いらずの屈折式を選ぶ方がいいでしょう。

■経緯台か赤道儀か

経緯台は、晴れているなと思ったら、さっと出してサラっと組み立て、即観望ができます。一方赤道儀は、組立てが面倒なうえ、極軸を合わせないと使いものになりません。さらに最初のうちは、なかなか思うように操作することができません。しかし慣れてくると、こんなに便利な架台はないことに気がつくでしょう。

いずれにしても、基本はしっかりしていてガタがないこと。これは店頭で望遠鏡をゆすってみればすぐわかりますが、それができないときは、カタログの写真から判断します。基本は、鏡筒に比べて架台部が小さい頭でっかちなものは避けること。

■ファインダーも重要

　望遠鏡の狭い視野に天体を捉えるのは，意外に難しいものです．そんな狭い視野に天体を捉えるときに，照準を定める小望遠鏡がファインダーです．

　月・惑星など明るい対象は，どんなファインダーでも簡単に捉えることができますが，星雲・星団を観望したい人は，最低でも6倍30mmが付いたものを選びましょう．倍率1倍のスポットファインダーが付属している機種もありますが，一般的なファインダーの方が導入しやすいようです．

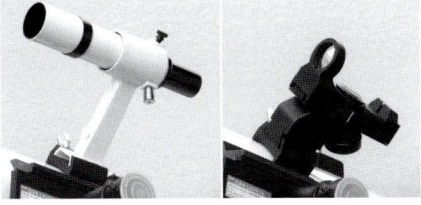

6×30ファインダー(左)とスポットファインダー(右)

■微動装置はある方がいい

　天体望遠鏡の架台には，カメラ三脚のように望遠鏡を大きく動かす粗動しかないものと，細かく動かして微調整ができる微動付きのものがあります．

　比較的低倍率で使うフィールドスコープは，粗動だけのカメラ三脚でも事足りますが，100倍以上の倍率で見ることもある天体望遠鏡の場合は，粗動だけでは見たい天体をなかなか視野の中央に導くことはできません．

　ですから，天体望遠鏡を購入するときには，たとえ経緯台でも上下方向と水平方向の微動装置が付いた架台を選びましょう．

微動なし架台(左)と微動付き架台(右)

■迷ったときは相談しよう

　しかし現実は望遠鏡をそんなに簡単に選ぶことはできません．初めてだからこそ何でも見てみたいので，迷ってしまうのですね．

　そんなときは，知り合いの天文ファン，先輩，公共天文台やプラネタリウムの職員，望遠鏡ショップの店員などに尋ねてみるという方法があります．ただし，人に教えてもらうときは相手に失礼のないように，望遠鏡について事前にある程度勉強しておくことと，使用目的や予算をはっきりさせておくことです．そうすれば，親身になって相談に乗ってくれるでしょう．

　それでも迷いに迷ってしまったときは，とにかく屈折経緯台を1台買って使ってみることです．1年も使っていると，自分にぴったりの望遠鏡は何かがわかってきます．

望遠鏡のアクセサリー

天体望遠鏡には，見る対象によって便利に使うことができるいろいろなアクセサリーがあります．もちろんそれらは望遠鏡購入後でも追加購入できるのですが，最初から揃えておくと便利なアクセサリーをチェックしておきましょう．

■接眼レンズ（アイピース）

天体望遠鏡のメリットは，覗くところに取り付ける接眼レンズを交換することによって倍率を変えることができることです．天体望遠鏡セットには，2個～3個の接眼レンズが付属していることはすでに紹介しました．2個の場合は，低倍率（30～50倍）と高倍率（80倍～160倍），3個の場合は，低倍率（30～50倍）と中倍率（60倍～80倍）と高倍率（100倍～160倍）といった感じです．これでも十分楽しむことができますが，もう少し低い倍率にしたいとか，口径に余裕があるのでもう少し高い倍率が欲しいという場合は，接眼レンズを追加購入することができます．

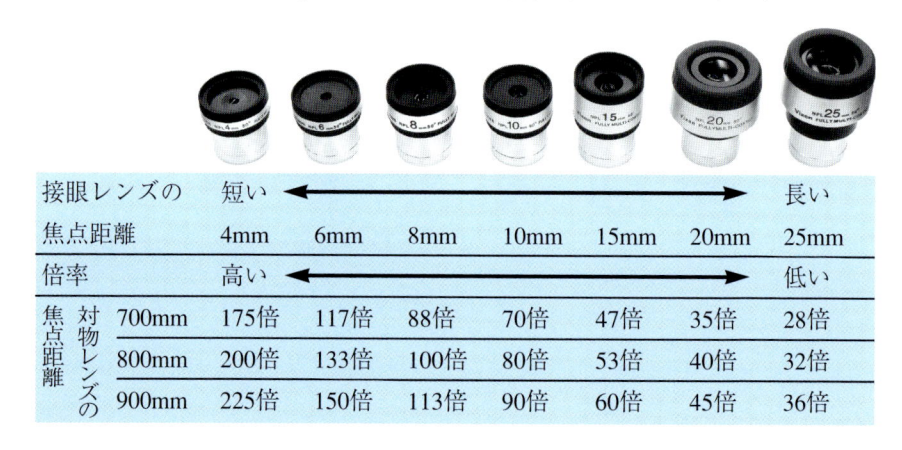

接眼レンズの焦点距離		短い	←					→	長い
		4mm	6mm	8mm	10mm	15mm	20mm		25mm
倍率		高い	←					→	低い
焦点距離	対物レンズの	700mm	175倍	117倍	88倍	70倍	47倍	35倍	28倍
		800mm	200倍	133倍	100倍	80倍	53倍	40倍	32倍
		900mm	225倍	150倍	113倍	90倍	60倍	45倍	36倍

■接眼レンズのサイズ

接眼レンズは，望遠鏡の差込口（スリーブ）のサイズによって，大きく2種類に分かれています．一つは，スリーブの直径が24.5mmのドイツサイズ，もう一つは，31.7mm（1.25インチ）のアメリカンサイズです（他に，2インチというサイズもある）．

購入する前に，マイ望遠鏡のスリーブサイズがどちらかを確認しておくとよいでしょう．

24.5mmサイズ　　31.7mmサイズ

■天頂プリズム（ダイアゴナルプリズム）

　天頂プリズムは，筒の下端から覗く屈折望遠鏡やカセグレンタイプの反射望遠鏡の必須アイテムです．通常セットには付属していますが，付属していなかったり，中古品を購入したときに欠落していることも稀にあります．もし付属していない場合は，必ず購入するようにしましょう．天頂プリズムありとなしでは，天頂付近を見るときの楽さが，まったくと言ってよいほど違います．

　なお，天頂プリズムを使うにあたっての注意点は，裏返しの像になることです．

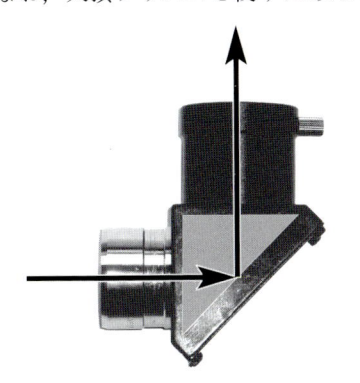

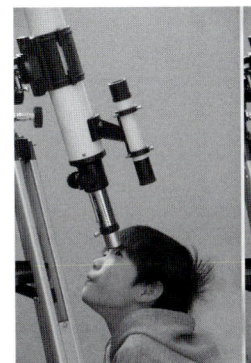

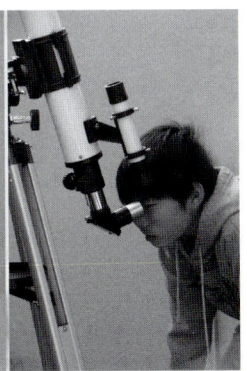

　天頂プリズムも，使用する接眼レンズのサイズによって大きさがずいぶん変わってきます．購入する場合は，手元にある接眼レンズに合ったものを選びましょう．

　最近は，天頂と直視を切り替えることができるフリップミラーや，取り付けることによって正立像になる，正立天頂プリズムも販売されています．

■太陽投影板

　強烈な熱と光を放っている太陽は，絶対に望遠鏡で見てはいけません．失明してしまいます．太陽を安全に見るには，太陽投影板を使うのがベストです．これは太陽を覗いて見るのではなく，白い板の上に映った太陽像を見るので，安全かつ数人が同時に見ることができる，太陽観望には欠かせないアイテムです．ただし屈折望遠鏡専用ですので，反射望遠鏡には取り付けることができません．

望遠鏡をどこで買うか？

さて、たくさんのカタログを穴が開くほど眺めて、調べつくして、数ある望遠鏡の中からお目当ての天体望遠鏡が決まったら、いよいよ購入です。ところがいざ購入となると、どこで買ったらいいのかが問題になってきます。あなたならどこで買いますか？

■望遠鏡専門ショップで買う

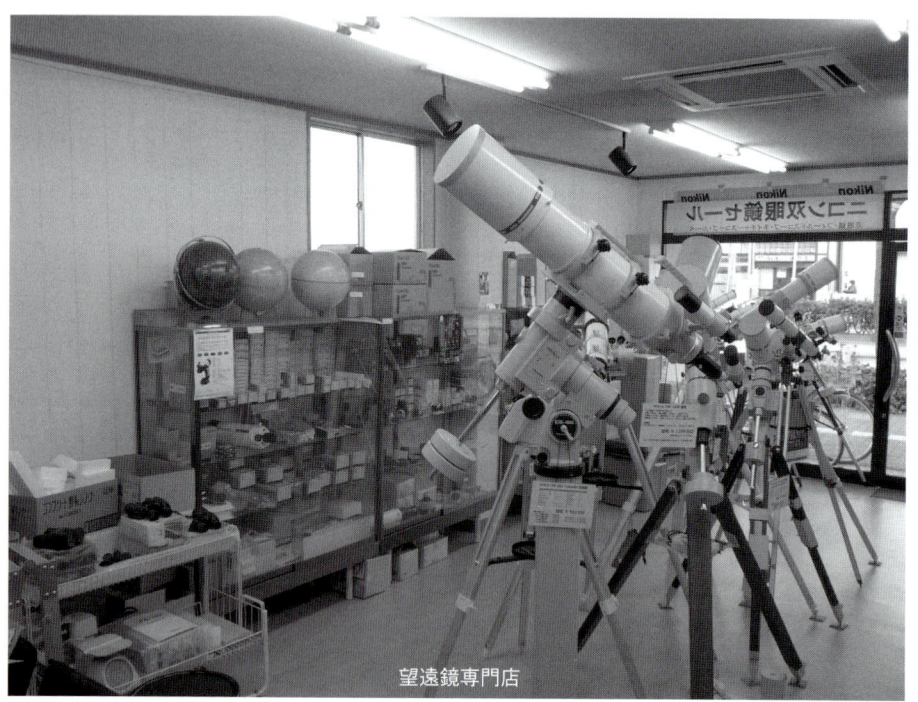

望遠鏡専門店

　カメラはカメラ店で、テレビは電器店で、本は書店でというように、望遠鏡は望遠鏡専門店で買うのが常識的ですね。「えっ？　望遠鏡専門店なんてあるの？」と思ってしまいますが、全国で十数店はあるでしょう。専門店のメリットは、たくさんの望遠鏡が展示してあるので、実物を見て触れることはもちろん、望遠鏡に詳しいスタッフが常駐しているので、どんな質問にも丁寧に答えてくれるということです。もちろんアドバイスやぴったりの望遠鏡の紹介もしてくれるはずです。また、購入後の使い方等の質問、メンテナンス、修理といったアフターケアの点でも安心です。多くの店員さんは望遠鏡が好きなので、お友達感覚で話ができるのもうれしいですね。

■近所のカメラ店・メガネ店・ホームセンターで買う

　近所に，望遠鏡購入時に相談に乗ってもらえる先生や先輩，友人がいる場合は，ベストと思う機種を決めてから，カメラ店，メガネ店，ホームセンターなどで取り寄せてもらうという方法があります．ただしこの場合は，お店の店員さんはあまりあてにならないことが多いようです．購入後の相談も，先生や先輩，友人を頼ることになるので，いつまでも仲良くしておくことが大切です．

■ネットショップで買う

　インターネットの普及によって，最近は天体望遠鏡もネットで簡単に買えるような時代になりました．ネット上の店には，レビューといって，購入した人のコメントも紹介されているので，迷ったときの強い味方になります．ただ，レビューのコメントを鵜呑みにすることは禁物です．なぜなら，同じ望遠鏡を購入しても，その人の性格，知識，期待度，使い方など，一人一人の価値観のちがいが評価には反映されているからです．レビューは，あくまで相対的なものであって絶対的なものではないということを念頭に置きましょう．つまりネットで買う場合も，実物を見るなり詳しい人の意見を聞くなりして，自分自身が十分に納得してから，購入ボタンを押すようにしましょう．

インターネットショップ

✦ こんな望遠鏡は買ってはいけない！

経済・技術大国日本．巷にあふれる商品の質は，どんどん向上しています．もちろん天体望遠鏡も数十年前に比べると格段に良くなってきました．しかし，いまだに「これはひどい！」という望遠鏡が出回っているのも事実．そんな望遠鏡は絶対に買わないようにしましょう．

■買ってはいけない望遠鏡を見破るには

まず，広告に書いてあるこのようなうたい文句（キャッチコピー）に気をつけること．

「460倍のド迫力」

倍率を前面に押し出している広告．ほとんどの場合，限界倍率を遥かに超えた倍率です．

「72％OFFの29800円！」

常識はずれの値引き．量産品ではないちゃんとした望遠鏡は，そんなに値引きできません．

「アルミ製赤道儀」

まるで意味のない説明．赤道儀は，アルミダイカストかアルミ鋳物で作られるのが常識です．

また，望遠鏡の写真を見たときに，鏡筒に比べていかにも架台と三脚が貧弱に見えるものは，強度がない製品と考えてまちがいありません．

　上の写真のような広告に書かれていることをしっかり読めば，本書の読者なら，即座にどれぐらいひどい望遠鏡であるかがわかることでしょう．

■頭でっかちの望遠鏡もダメ

望遠鏡のデザインも重要な要素ですが，あまりにスマートでかっこ良すぎるのも問題があることがあります．とくに頭でっかちで，鏡筒に比べて架台と三脚が小さく見えるものは，おおむね強度不足で，風が吹いているときや，ピントを合わせているときなど，揺れに揺れてイライラしてしまいます．どちらかと言えば，下半身がどっしりしていて，いかにも安定感がある望遠鏡を選びましょう．

バランスの取れた望遠鏡　　アンバランスの望遠鏡

■卓上型の望遠鏡は使いづらい

卓上型の望遠鏡は，とてもオシャレでキュートですが，三脚が短すぎるため，机や台の上に置いて使うしかありません．部屋の窓越しに見るならいいかもしれませんが，見える範囲は限られてしまいますし，屋外ではなかなか適当な台がありません．また，口径もさほど大きくないので，性能にも満足いかないでしょう．この種の望遠鏡は，インテリアとして飾っておいて，気が向いたらちょっと覗いて見るというおもちゃに近いものです．ちゃんと天体を見たい人は，しっかりとした望遠鏡を選びましょう．

■極端に短い望遠鏡

鏡筒の長さが極端に短い望遠鏡は，とてもコンパクトでかわいいですが，短焦点の望遠鏡は，対物レンズに特殊なガラスを使い高性能にしたアポクロマートでないと，色収差や球面収差が多く，良い像は期待できません．30倍までの低倍率での観望ならとくに問題ないと思いますが，50倍を超えると像のボケが激しくなってくるでしょう．

✦ 意外によく見える望遠鏡工作キット

天体望遠鏡は欲しいけれど，高いので買うのに躊躇している人へのおすすめが，望遠鏡の組み立てキット．たった数千円の出費で，キットとは思えないほど月のクレーターや土星のリングをくっきり見ることができる高性能の望遠鏡が手に入るのです．

■組み立て天体望遠鏡35倍

品名：
10分で完成！組立天体望遠鏡35倍
税別価格：2,850円（2017年6月現在）
口径40mm　焦点距離273mm
接眼レンズ：7.8mm（35倍）
材質：プラスチック製
組み立て時間：10分程度
必要な道具：とくになし

■コルキットスピカ

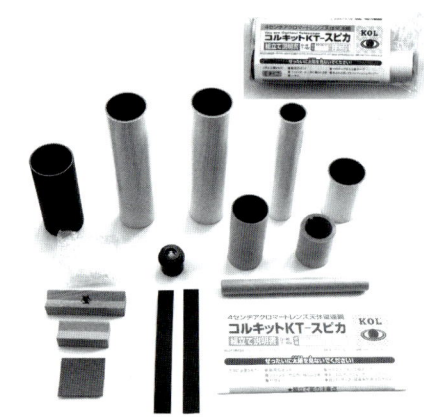

品名：コルキットスピカ
税別価格：2,800円（2017年6月現在）
口径40mm　焦点距離420mm
接眼レンズ：K12mm（35倍）
材質：ボール紙
組み立て時間：30分程度
必要な道具：木工ボンド，はさみ，セロテープ，定規，輪ゴム，ティッシュ

購入前編〜天体望遠鏡の選び方

■三脚をどうするか

望遠鏡のキットは基本的に鏡筒だけなので，それを載せる架台と三脚を工夫する必要があります．

一般的に三脚は，市販のカメラ三脚を流用することが考えられますが，せっかく鏡筒を作ったのだから，三脚も自作したいところです．もし工作が面倒な場合は，三脚キットを購入するのも選択肢の一つです．

■超簡単三脚

●架台

手軽で実用的な架台は，L金具とボルトを組み合わせて作ることができます．これなら，金属のカットや穴あけ加工や面倒な工程を省くことができるので簡単です．また，市販の微動雲台を使えば，微動付き架台として使用できます．

●三脚

脚部は，簡単そうで意外に面倒な部分です．超手抜きは，工事現場で二つの部材をはさむときに使うシャコ万力（クランプ）を利用して，窓枠や手すりにはさんで使うという方法．次は，三脚にしないで一本脚のピラー脚にする方法．3cm〜4cm角の角材の下端に十字形の脚を付ければ完成です．

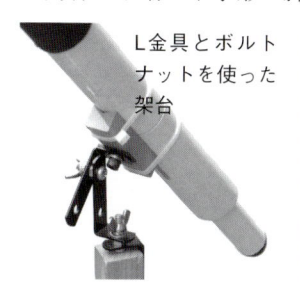

L金具とボルトナットを使った架台

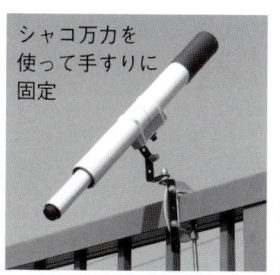

シャコ万力を使って手すりに固定

市販の微動雲台を使えば微動付きに

■キットで撮影した月

2種類の望遠鏡キットで月を撮影してみました．コンパクトデジカメによる手持ち撮影です．どちらもクレーターは写っていますが，焦点距離が長いコルキットスピカで撮影した月(右)の方が，若干良く写っています．

望遠鏡のあゆみ〜3

◆ハーシェルの大反射望遠鏡

　ウィリアム・ハーシェルは，1781年3月13日，土星の外側を回る未知の惑星を発見したことで世界的に有名なイギリスの天文学者です。後に「天王星」と名付けられたこの惑星の発見には，口径15cmの反射望遠鏡が使われました。

　では，ウィリアム・ハーシェルはどんな人だったのでしょう。

　ハーシェルは，1738年11月15日にドイツのハノーバーで，音楽一家だった10人兄弟の4番目として生まれ，1757年に楽団員としてイギリスに渡りました。イギリスでは，楽団長となり音楽家として活躍し，24曲の交響曲をはじめ，数多くの協奏曲や教会音楽を作曲しています。

　1773年，偶然読んだ「光学」という本に触発され，ハーシェルに大きな転機が訪れました。そのときから彼は，天文学に目覚め，宇宙の研究と観測，望遠鏡作りに没頭し始めたのでした。

　また，ハーシェルは，望遠鏡の性能は倍率ではなく口径であることに気が付いていた，最初の天文学者だったようで，次々に大きな反射望遠鏡を製作しています。その数は400台を超えたといわれていますが，その集大成が，1789年に完成した口径1.2m，焦点距離12mの大反射望遠鏡です。最初の観測で，土星の衛星エンケラドスとミマスを発見しましたが，操作が難しかったため，あまり使われることはありませんでした。しかしこの望遠鏡が解体されるまでの50年間，2位以下を大きく引き離して，世界最大の望遠鏡として君臨していたのです。

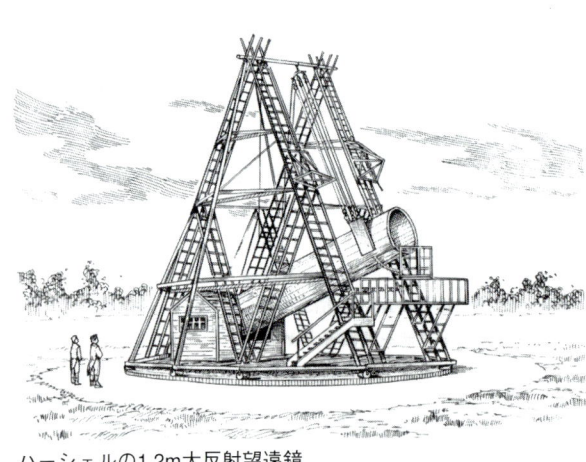

ハーシェルの1.2m大反射望遠鏡

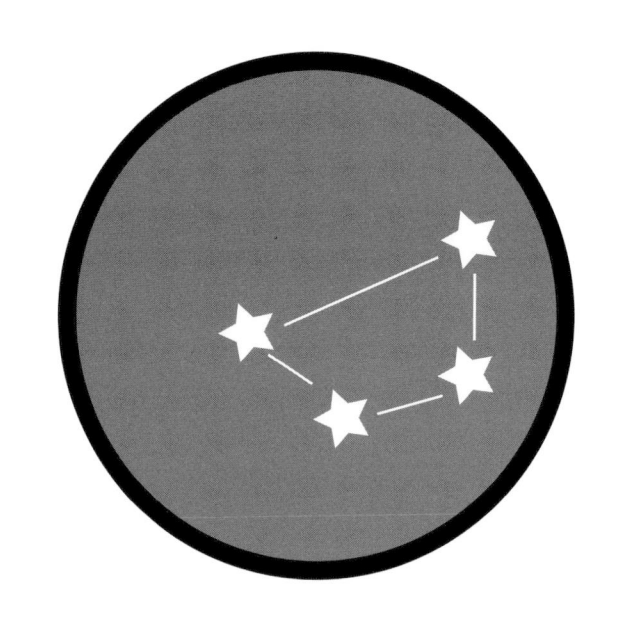

天体望遠鏡を使ってみよう

🌠 天体望遠鏡～各部の呼び名

いよいよ天体望遠鏡を組み立てて，使ってみることにしましょう．ここでは，屈折経緯台のビクセン ミニポルタA70Lfとミザール MT-70Rを例に紹介しています．まず最初に各部分の呼び方を覚えましょう．

■ビクセン ミニポルタA70Lf

（画像中のラベル：フード／鏡筒／鏡筒バンド／ファインダー／接眼部／合焦ハンドル／架台(マウント)／アクセサリートレイ／三脚／開き止め／高さ調節ネジ 3ケ所）

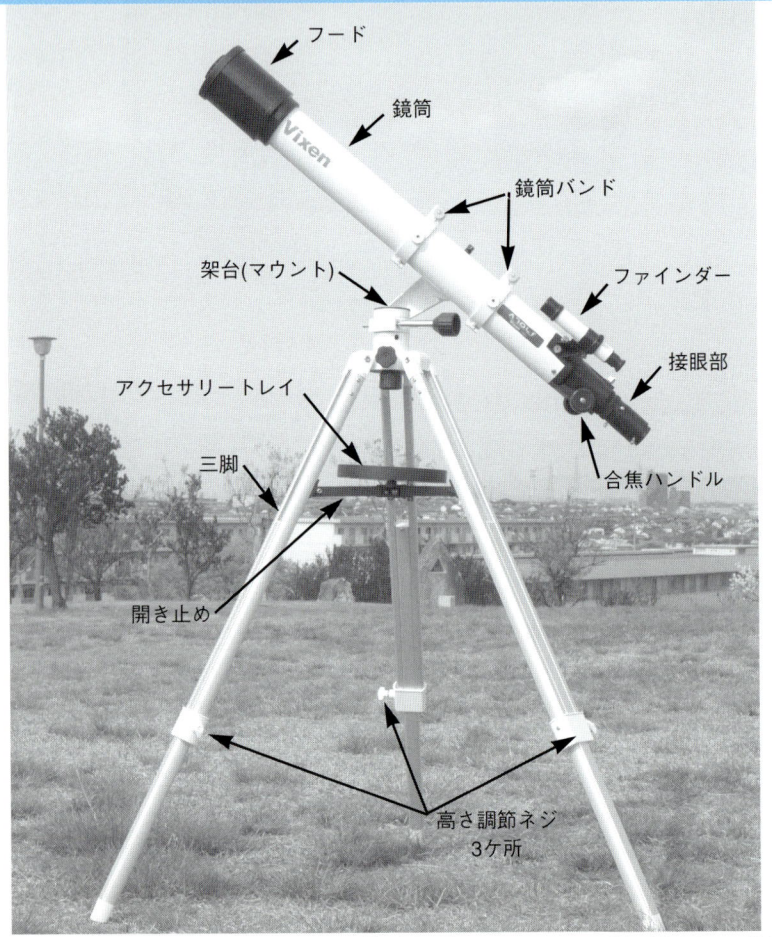

対物レンズ：アクロマート
口　　径：70mm
焦点距離：900mm（口径比F12.9）
架　　台：上下左右微動付き経緯台
ファインダー：6倍24mm

付　属　品：PL20mm (45倍)，PL6.3mm (143倍)
　　　　　　正立天頂プリズム
税別価格：35,000円（2017年6月現在）
総　重　量：5.3kg

52

購入後編〜天体望遠鏡を使ってみよう

■メーカーによって少し違う呼び名

天体望遠鏡の各部分の呼び名は，鏡筒，ファインダーなどといった基本的なものは共通ですが，その他の細かい部分については，メーカーによって少しずつ呼び名に違いがあります．

■ミザール MT-70R

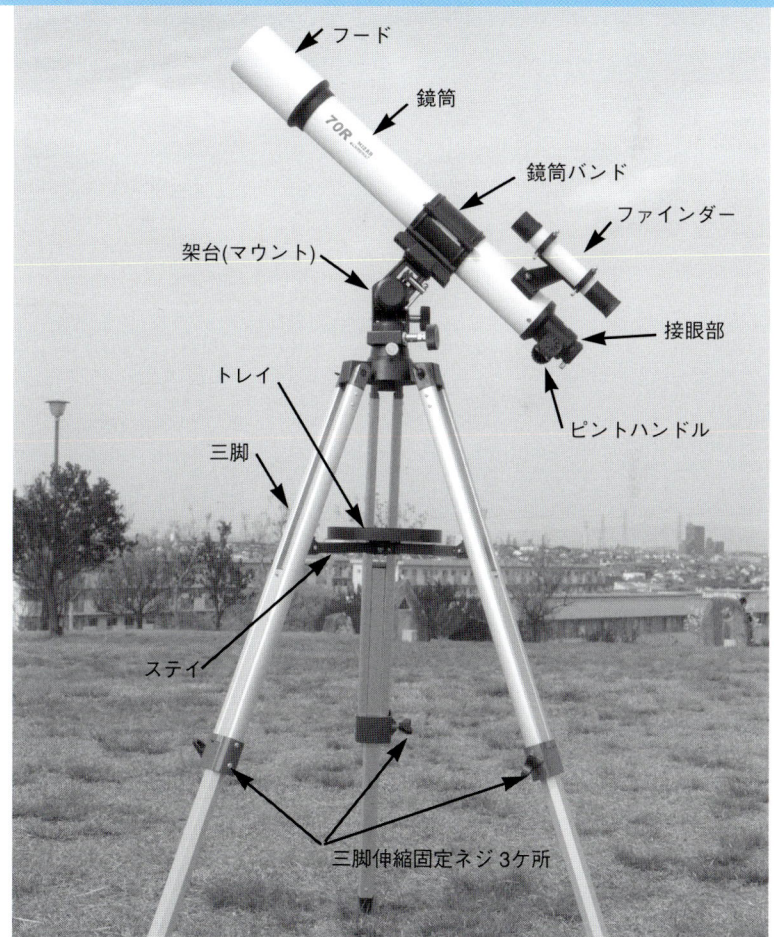

（写真中のラベル）
- フード
- 鏡筒
- 鏡筒バンド
- ファインダー
- 接眼部
- ピントハンドル
- 架台(マウント)
- トレイ
- 三脚
- ステイ
- 三脚伸縮固定ネジ3ケ所

対物レンズ：アクロマート
口　　径：70mm
焦点距離：700mm（口径比F10）
架　　台：上下左右微動付き経緯台
ファインダー：6倍30mm

付 属 品：F20mm（35倍），F8mm（87倍）
　　　　　天頂ミラー，3倍バローレンズ
税別価格：36,500円（2017年6月現在）
総 重 量：4kg

✦ セットのチェック

天体望遠鏡を購入して，まず最初に行うことは，セット内容の確認．マニュアルに従って，組み立てに必要なパーツがすべてそろっているかどうか，チェックしてみましょう．

■ビクセン ミニポルタA70Lf

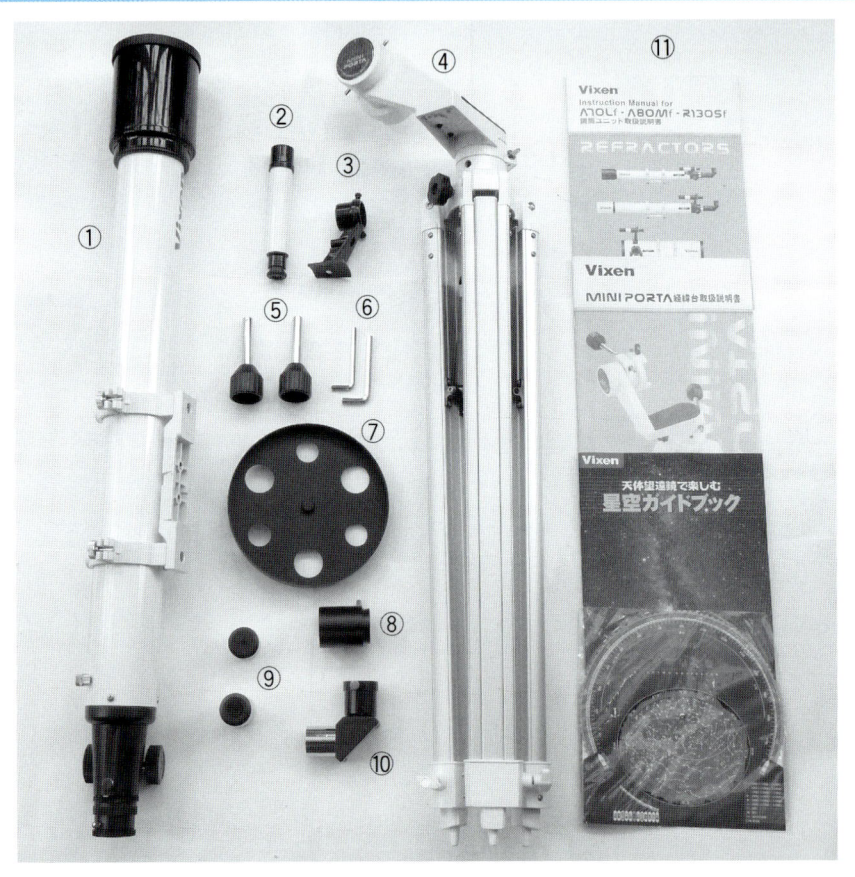

①鏡筒（鏡筒バンド付き）　②ファインダー　　　　③ファインダー脚
④経緯台本体（三脚・開き止め付き）　　　　　　　⑤微動ハンドル（2個）
⑥六角レンチ（2本架台部に収納）　　　　　　　　⑦アクセサリートレイ
⑧接眼アダプター　　　　⑨接眼レンズ（2個）　　⑩正立天頂プリズム
⑪マニュアル（3種・星座早見）

購入後編〜天体望遠鏡を使ってみよう

■パーツが細かく分割されているMT-70R

MT-70Rは部品が細かく分割した状態で梱包されているので，最初の部品チェックと組み立ては，ちょっと面倒．しかし一度組み立てたら分解する必要はないので，次回からは大丈夫です．

■ミザール MT-70R

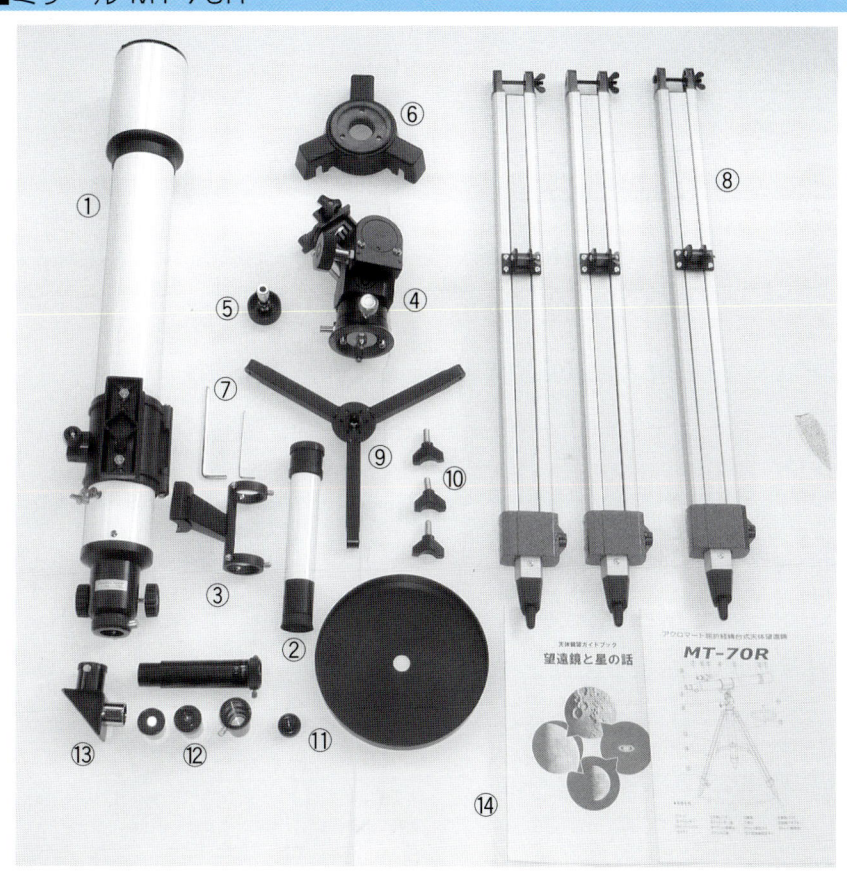

①鏡筒（鏡筒バンド付き）　②ファインダー　③ファインダー脚
④経緯台　　　　　　　　　⑤微動ハンドル　　⑥三脚ヘッド
⑦六角レンチ　　　　　　　⑧三脚（3本）　　　⑨ステイ
⑩三脚伸縮固定ネジ　　　　⑪トレイ（十固定ネジ）　⑫接眼レンズ（2個・3×BL他）
⑬天頂ミラー　　　　　　　⑭マニュアル（2種）

組み立てよう1〜三脚

天体望遠鏡の組み立ては，最初のうちはわからないことが多いですが，マニュアルを見ながら，下から上へゆっくりていねいに組み立てていけば大丈夫．まず，土台となる三脚からです．

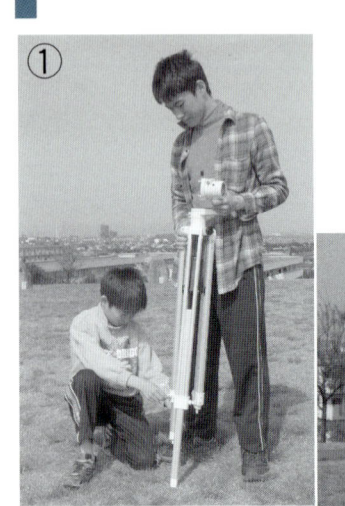

① 三脚の先端についている高さ調節ネジをゆるめて，三脚を適当な長さに伸ばします．

② 3本同じ長さにそろえたら，高さ調節ネジをしめて固定します．

③ 三脚の1本を支点にして，残りの2本を手に持ち，開き止めがいっぱいに張るまでゆっくり開きます．

④ アクセサリートレイを，開き止め中央のネジ穴にねじ込みます．

■あらかじめ組み立てが必要なMT-70R

MT-70Rは，あらかじめ三脚ベースに経緯台と三脚を，三脚にはステイと三脚伸縮固定ネジを取り付けておきましょう．一度取り付けたら，以後取りはずす必要はありません．

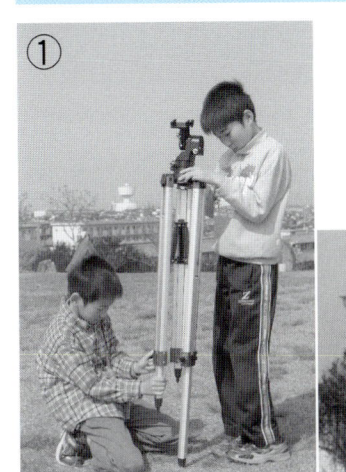

①三脚の先端についている高さ調節ネジをゆるめて，三脚を適当な長さに伸ばします．

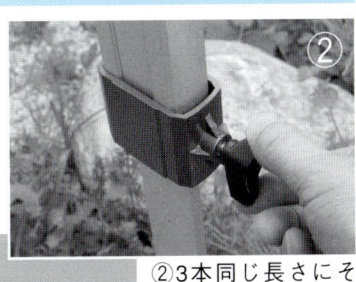

②3本同じ長さにそろえたら，三脚伸縮固定ネジをしめて固定します．

③三脚の1本を支点にして，残りの2本を手に持ち，ステイがいっぱいに張るまでゆっくり開きます．

④トレイをステイ中央の突起に差し込み，固定ネジで固定します．

組み立てよう2〜架台

次は架台部です．架台は，望遠鏡をしっかり支えて上下左右方向に動かす重要な部分です．どちらの機種もすでに三脚に固定されているので，微動ハンドルをセットするだけです．

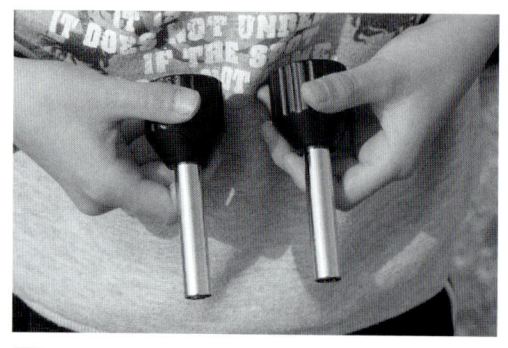

同じ形の2本の微動ハンドルを，上下微動シャフトと左右微動シャフトに差し込んで取り付けます．取り付け時に注意することは，微動シャフトの切り欠き部分と微動ハンドルの小さな丸い凹みの向きが一致する向きで，奥までしっかり差し込みます．

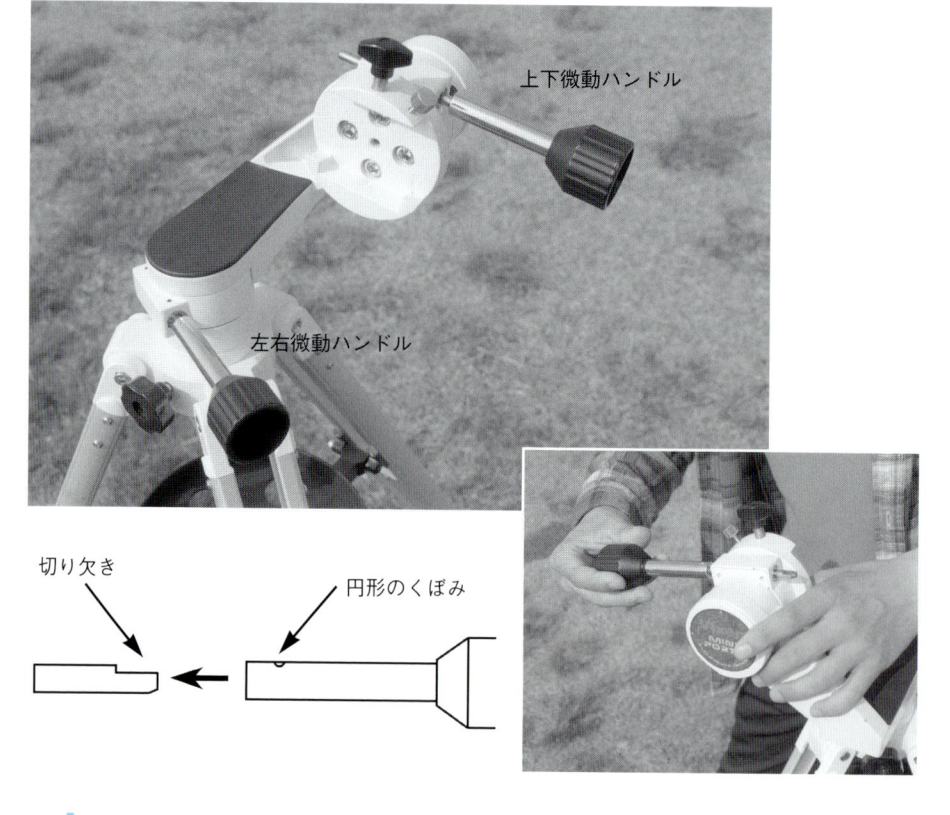

上下微動ハンドル

左右微動ハンドル

切り欠き　　円形のくぼみ

■六角レンチの使い方
六角レンチでネジをしめるときは，必ず長い方（縦方向）をネジ穴に差し込んで使います．短い方を差し込んでしめると，力が加わりすぎてネジを破損する場合があります．なお，六角レンチのことをヘクスキーともいいます．

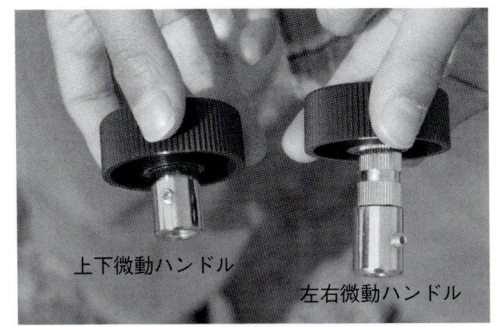

軸の短いハンドルを上下微動シャフトに，軸の長いハンドルを左右微動シャフトに差し込み，六角レンチ（小）で固定ネジをしめます．固定するとき，微動シャフトの切り欠き部分と微動ハンドルの固定ネジの向きが一致する向きで，しっかりしめます．

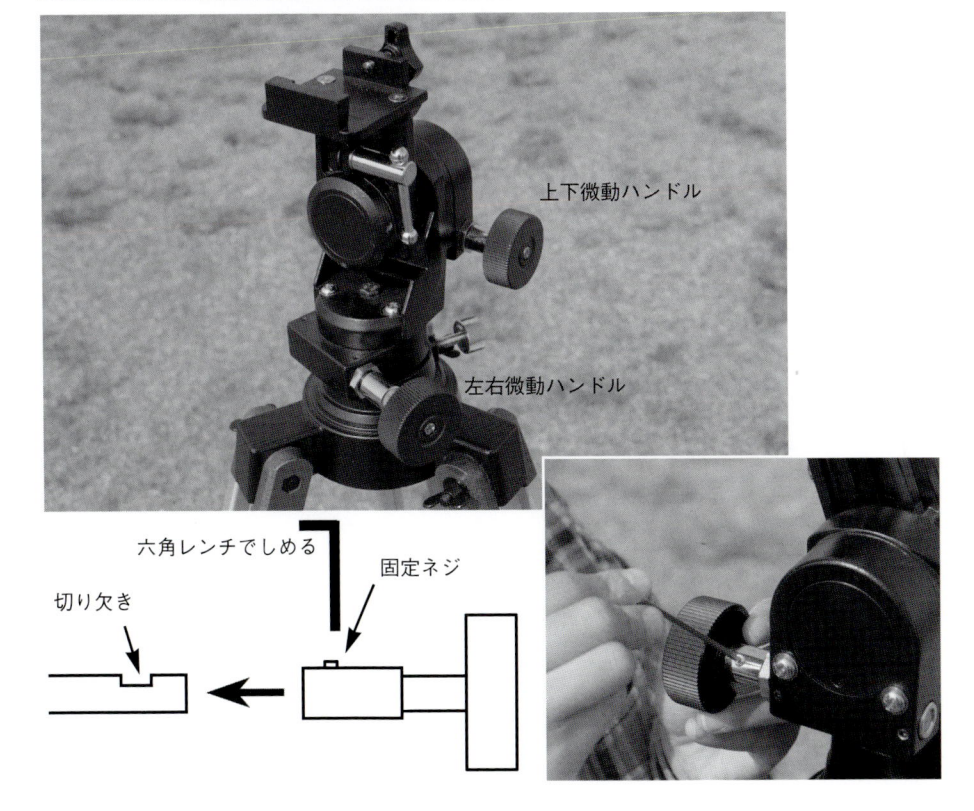

上下微動ハンドル
左右微動ハンドル

上下微動ハンドル
左右微動ハンドル

六角レンチでしめる
固定ネジ
切り欠き

組み立てよう3〜鏡筒

いよいよ鏡筒を架台に取り付けます．鏡筒には望遠鏡の生命である対物レンズが組み込まれています．取り付ける際には，決して落としたりぶつけたりしないよう，十分注意しましょう．

①架台のプレートホルダーに付いている鏡筒固定ネジと鏡筒脱落防止ネジをゆるめます．
②鏡筒のアタッチメントプレートを，プレートホルダー中央に合わせてはめ込みます．
③鏡筒固定ネジと鏡筒脱落防止ネジをしっかりしめて，固定します．

購入後編〜天体望遠鏡を使ってみよう

■アリ型とアリ溝
鏡筒を架台に取り付ける方法は，小型望遠鏡ではこの2機種のように，プレートをホルダーに挟み込み，ネジでしめて固定する方法が一般的です．鏡筒に付いているプレートをアリ型，架台に付いているホルダーをアリ溝ともいいます．

①架台のプレート取り付け部に付いている鏡筒固定ネジをゆるめます．
②鏡筒のプレートを，架台のプレート取り付け部中央に合わせてはめ込みます．
③架台部の鏡筒固定ネジをしっかりしめて，固定します．

組み立てよう4〜ファインダー

最後に，星を捉えるときに照準を合わせるための小型望遠鏡であるファインダーを鏡筒に取り付けます．鏡筒や脚の向きに注意して取り付けましょう．

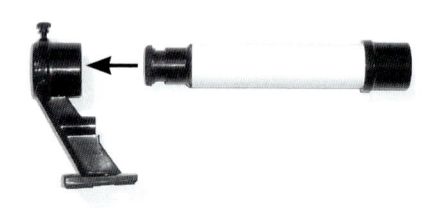

① 左の写真のような向きで，ファインダー鏡筒を接眼部側からファインダー脚に通します．

② 通したら，ファインダー脚に付いている3本のネジを均等にしめて固定します．

③ 鏡筒のファインダー脚固定ネジをはずし，ファインダー脚をセットしてから，ファインダー固定ネジでしっかりしめて，固定します．

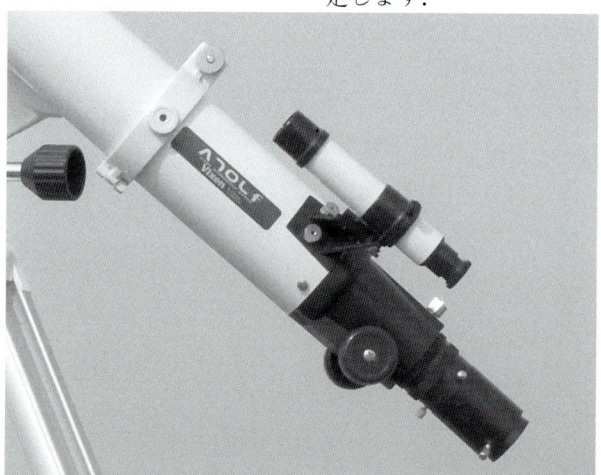

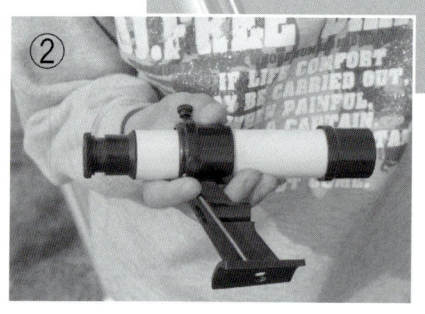

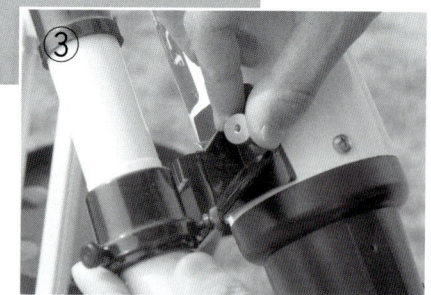

購入後編〜天体望遠鏡を使ってみよう

■ファインダー脚取り付けの注意

ファインダーは，照準を合わせるための望遠鏡です．ですから取り付けがぐらぐらしていては，役に立ちません．取り付けの際は，脚を鏡筒にほぼ平行にして，取り付けネジをしっかりしめましょう．取り付けたらはずす必要はありません．

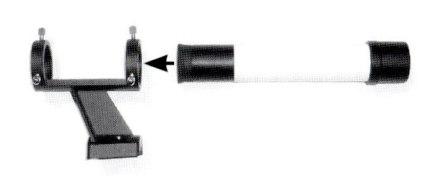

① 左の写真のような向きで，ファインダー鏡筒を接眼部側からファインダー脚に通します．

② 通したら，ファインダー脚に付いている前後6本のネジを均等にしめて固定します．

③ 鏡筒のファインダー脚固定ネジをはずし，ファインダー脚をセットしてから，ファインダー固定ネジでしっかりしめて，固定します．

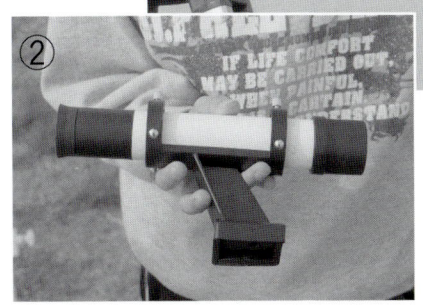

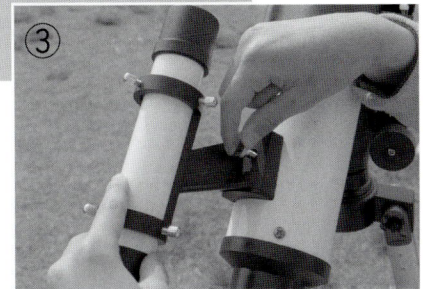

☆ 使ってみよう〜架台について

> ミ ニポルタA70LfやMT-70Rの架台は経緯台式といって，上下と水平に望遠鏡を動かすとてもわかりやすい形式です．上下と左右の回転軸には，大きく動かす粗動と微調整する微動が付いています．

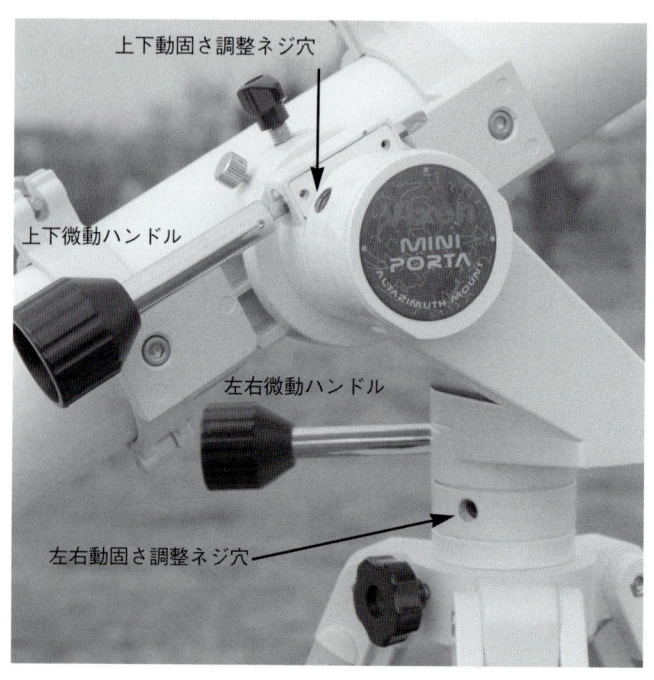

（写真ラベル：上下動固さ調整ネジ穴／上下微動ハンドル／左右微動ハンドル／左右動固さ調整ネジ穴）

ミニポルタ経緯台は，フリーストップ式の架台です．望遠鏡を上下左右自由に動かして，見たい星を捉えたあと，手を離しても望遠鏡がそのまま止まった状態になる，とても使いやすい架台です．ただし，バランスを合わせておく必要があります．

また，上下左右とも全周微動付きなので，微動ハンドルをどれだけでも回すことができます．

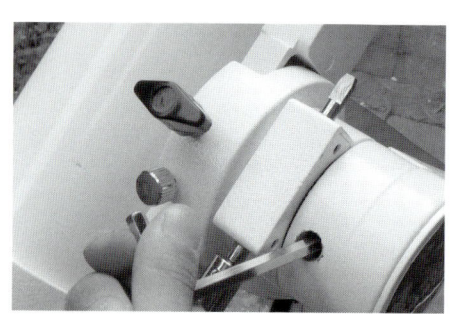

（図ラベル：支点）

粗動の固さは，付属の六角レンチ(小)を固さ調整ネジ穴に差し込んでネジをしめたりゆるめたりすることにより，調節することができます．

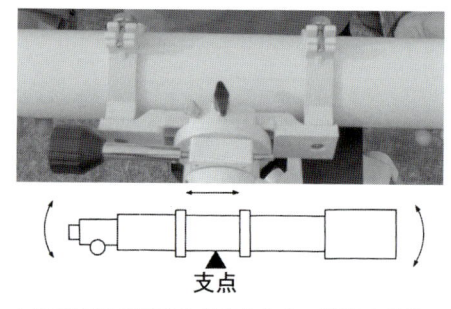

上下動の固さ調整ネジをゆるめ，鏡筒の前後のバランスを，鏡筒バンドの固定ネジをゆるめて鏡筒を前後させて合わせます．

購入後編〜天体望遠鏡を使ってみよう

■フリーストップ式かクランプ式か

望遠鏡を自由に振り回すことができるフリーストップ式は，ビギナーには最適な架台と言えます．一方クランプ式は，クランプをしめたりゆるめたりという煩雑さはありますが，しっかり固定できるので，写真撮影や観測に向いています．

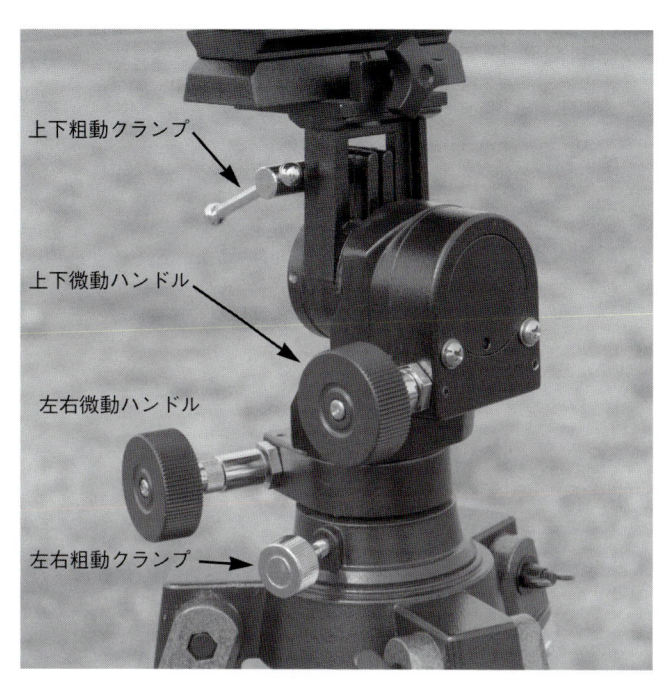

上下粗動クランプ
上下微動ハンドル
左右微動ハンドル
左右粗動クランプ

MT-70R経緯台は，クランプ式の経緯台です．上下左右のクランプをゆるめて，望遠鏡を上下左右自由に動かして，見たい星を捉えたあとは，クランプをしめて望遠鏡を確実に固定することができる，しっかりした架台です．

クランプをしめたあとは，上下左右に微調整をすることができる微動ハンドルを回して，目標天体を視野の中央に導入します．

支点

粗動は，上下左右ともクランプ式．しめ加減を調節することにより，フリーストップ式としても使うことができます．

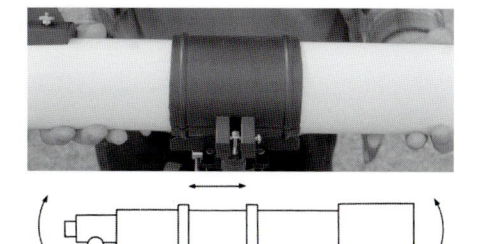

上下粗動クランプをゆるめ，鏡筒の前後のバランスを，鏡筒バンドの固定ネジをゆるめて鏡筒を前後させて合わせます．

65

景色を見てみよう1〜景色を捉える

天体望遠鏡を使って，星を導入して，見るという一連の動作には，慣れが必要です．基本動作をマスターするために，まず景色を見て練習してみることにしましょう．

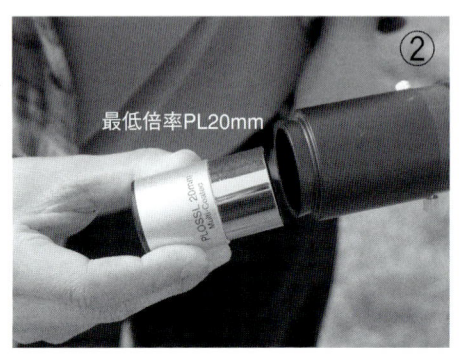

① ②

最低倍率PL20mm

ミニポルタA70Lfには，接眼レンズがPL20mm(45倍)とPL6.3mm(143倍)の2個付属しています．望遠鏡で目標を導入するときは最低倍率からスタートすることが基本です．なので，まずPL20mmを接眼部にセットします．ドローチューブは，半分ほど繰り出します．このときの実視野は約1.1°です．

③ ④

できるだけ遠くの目立つ景色を目標に選びます．鏡筒に沿うように景色を眺めながら望遠鏡を動かして，目標物を視野に捉えます．

購入後編〜天体望遠鏡を使ってみよう

■地上の目標物を捉えるコツ

地上の目標物を捉えるコツは，まず望遠鏡を空と景色の境界に向け，そのまま目標物に近づくように左右方向に動かします。そして目標物付近に達したら，上下方向を動かして目標物を視野に捉えます。

① ②

最低倍率F20mm

MT-70Rには，接眼レンズがF20mm(35倍)とF8mm(87倍)の2個付属しています。望遠鏡で目標を導入するときは最低倍率からスタートすることが基本です。なので，まずF20mmを接眼部にセットします。ドローチューブは，半分ほど繰り出します。このときの実視野は約1°です。

③ ④

できるだけ遠くの目立つ景色を目標に選びます。クランプをゆるめ，鏡筒に沿うように景色を眺めながら望遠鏡を動かして，目標物を視野に捉えます。

67

✨ 景色を見てみよう2～ピント合わせ

望遠鏡で鮮明な像を見るためには，ピントを合わせなければなりません．ピントは，ピント調節ハンドルを回してドローチューブを出し入れして合わせます．

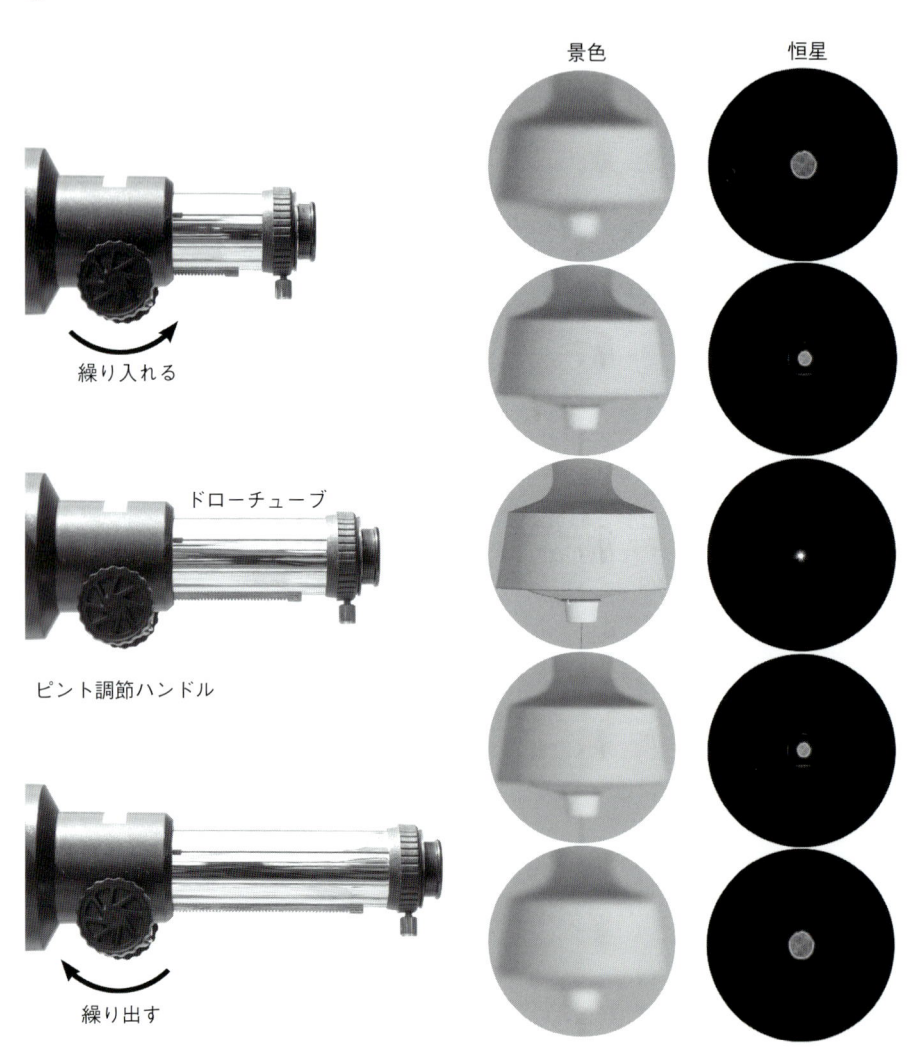

景色　　　恒星

繰り入れる

ドローチューブ

ピント調節ハンドル

繰り出す

　ピントは，目標物までの距離が変化したときや接眼レンズを交換したときも変わります．その都度ピントを合わせ直しましょう．

■天体望遠鏡は倒立像

景色を見て，ケプラー式の天体望遠鏡は，上下左右反対の倒立像が見えることを再度確認しておきましょう．また，望遠鏡を上に動かしたときには視野の中では下に，右に動かしたときには左に動くことも認識しておきましょう．

望遠鏡を操作して，目標物の一部が視野に入ったら，望遠鏡を固定する．

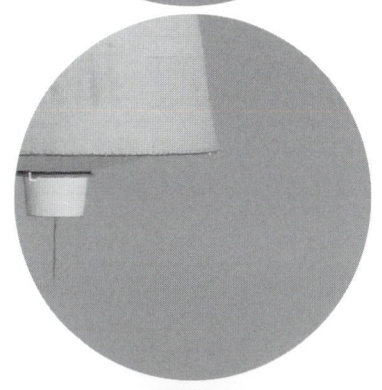

ピント調節ハンドルをゆっくり回して，目標物がくっきり見えるようにピントを合わせる．

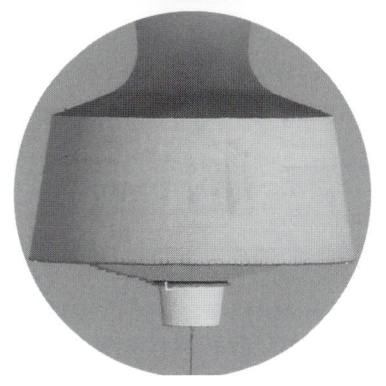

上下左右の微動ハンドルを回して，目標物を視野の中央に合わせる．

景色を見てみよう3〜天頂プリズム

屈折望遠鏡で天頂近くの星を見るときの必須アイテム，それが天頂プリズム．最高に便利なアクセサリーですが，ピントの位置や，像の向きに注意する必要があります．

ミニポルタA70Lfに付属している天頂プリズムは，正式には31.7mmサイズの正立天頂プリズムです．本体内にダハプリズムが組み込まれていて，これを併用すると，肉眼で見たときと同じ正立像になるというものです．

ピント位置は，直視のときよりも9cmほどドローチューブを繰り入れなければなりません．

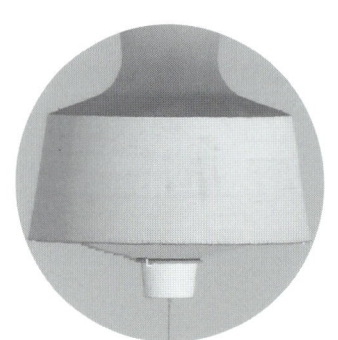

倒立像

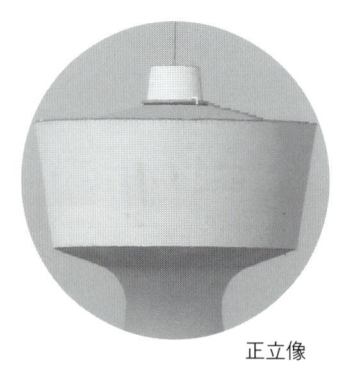

正立像

直視

正立天頂プリズム併用

購入後編～天体望遠鏡を使ってみよう

■1.5倍地上観察アダプター

MT-70Rには，正立像で観望することができる1.5倍地上観察アダプターが付属しています．原理的には，対物レンズと接眼レンズの間に凸レンズを入れて，像を反転させることによって，正立像にするものです．天体観望には使用しません．

MT-70Rに付属している天頂プリズムは，正式には24.5mmサイズの天頂ミラーです．直角プリズムではなくミラーを使って反射させるもので，軽量化と低価格化が図られています．プリズムと精度的には大差ありません．像は上下は正立，左右は反対の鏡像になります．

ピント位置は，直視のときよりも6cmほどドローチューブを繰り入れなければなりません．

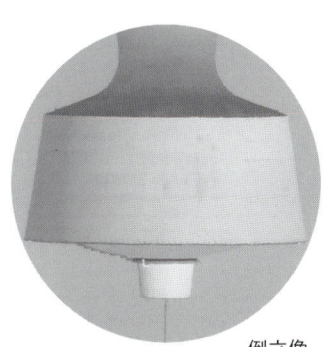

倒立像

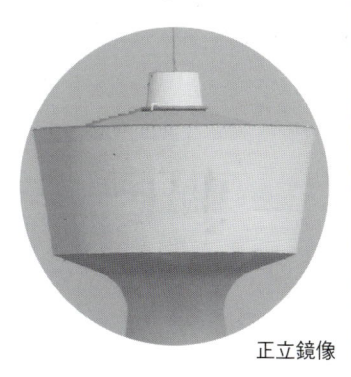

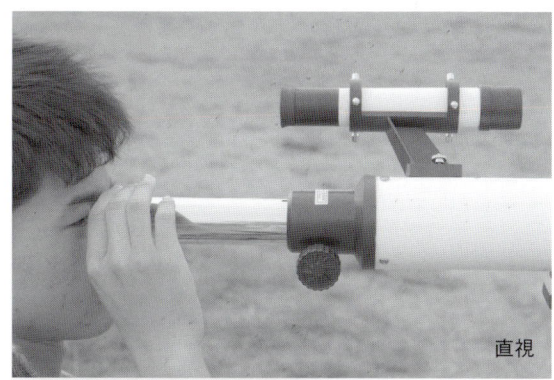

正立鏡像

直視

天頂ミラー併用

✦ 景色を見てみよう4〜ファインダー

星を導入するための強い味方，ファインダー．しかしちゃんと調整されていないと，なかなか目標が捉えられなくて，イライラがつのるばかりです．しっかり調整しておきましょう．

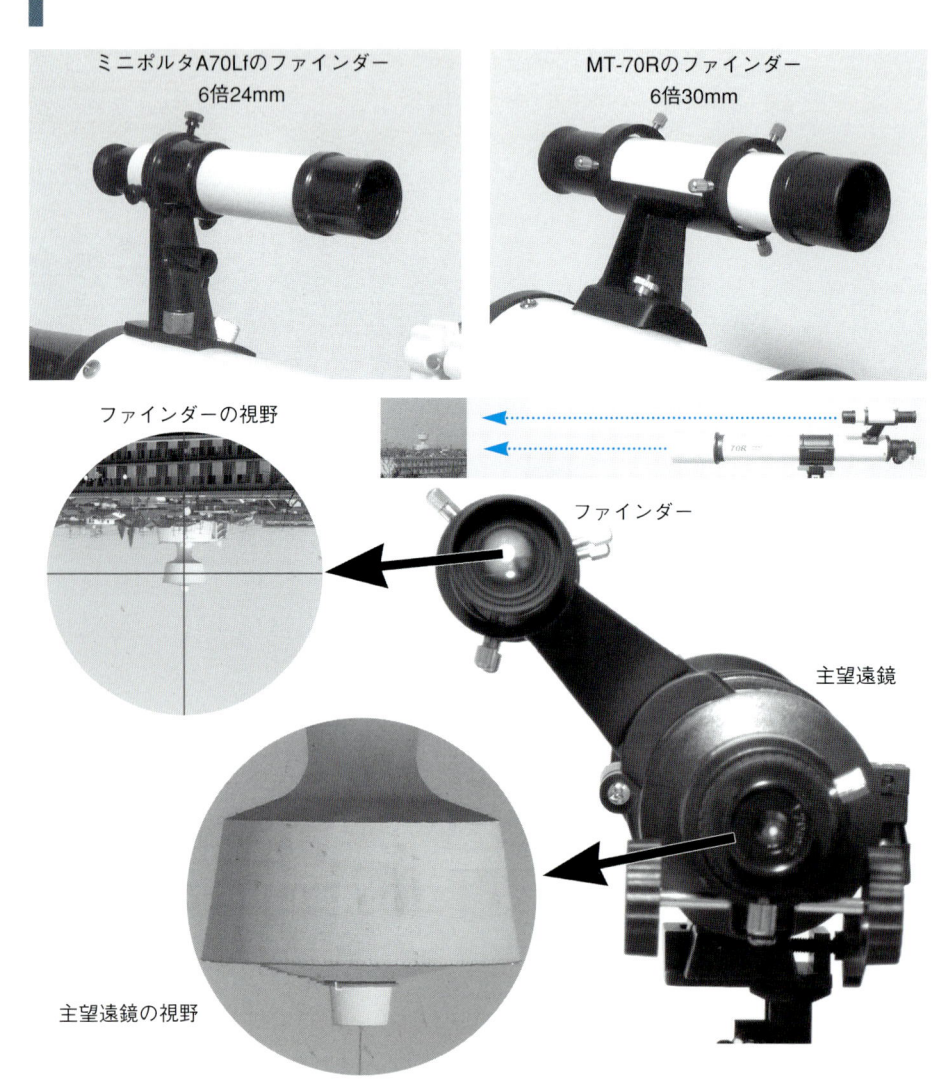

ミニポルタA70Lfのファインダー
6倍24mm

MT-70Rのファインダー
6倍30mm

ファインダーの視野

ファインダー

主望遠鏡

主望遠鏡の視野

　目標物をファインダーの十字線の交点に合わせたときに，主望遠鏡の視野中心に入るように，ファインダーと主望遠鏡の向きを合わせる（光軸調整）．

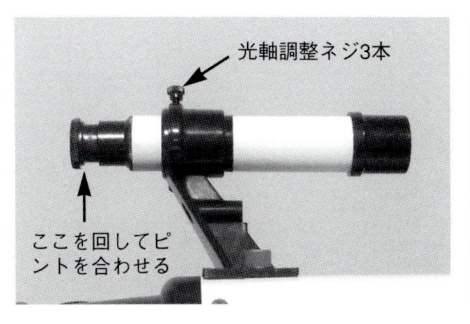

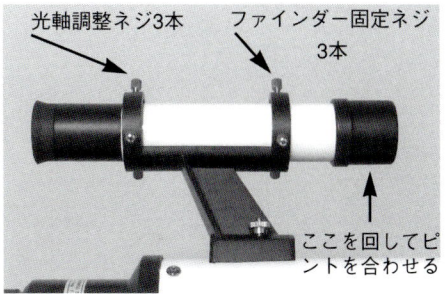

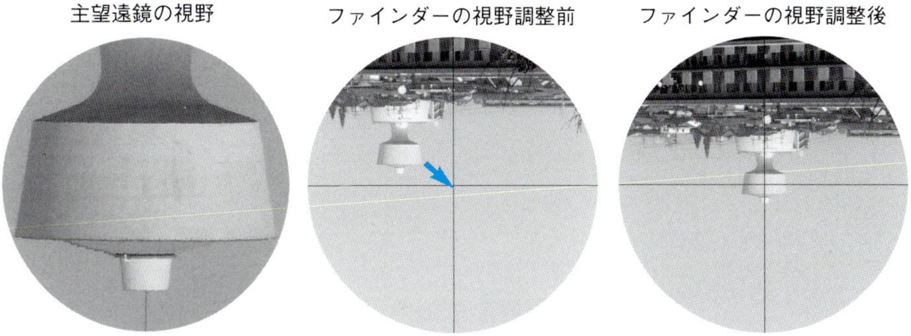

購入後編〜天体望遠鏡を使ってみよう

光軸調整ネジ3本
ここを回してピントを合わせる

光軸調整ネジ3本　ファインダー固定ネジ3本
ここを回してピントを合わせる

主望遠鏡の視野　　ファインダーの視野調整前　　ファインダーの視野調整後

①最低倍率の接眼レンズを付けた望遠鏡で，昼間できるだけ遠くの目立つ景色を視野の中心に捉えます．
②ファインダー調整ネジを回して，望遠鏡の視野中央に入っている景色をファインダーの十字線の交点に合わせます．

調整ネジは，1本は右に回し，もう1本は左に回すというように，2本同時にそれぞれ反対方向に回すと合わせやすくなります．

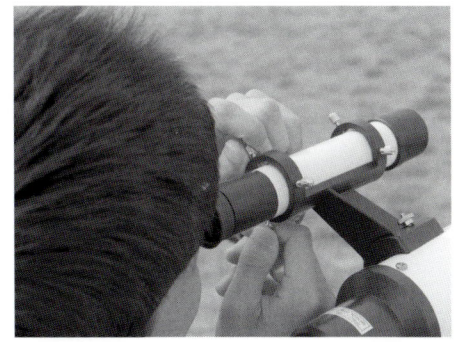

MT-70Rのファインダーは，前方の調整ネジは鏡筒をほぼ中央で固定するために使い，調整は後方のネジで行います．

⭐ 月を入れてみよう

天体望遠鏡の組み立てが終わり，ファインダーの調整などセッティングが完了したら，いよいよ天体を入れてみましょう．最初は，「天体観望は月に始まり，月に終わる」とまで言われる月から．

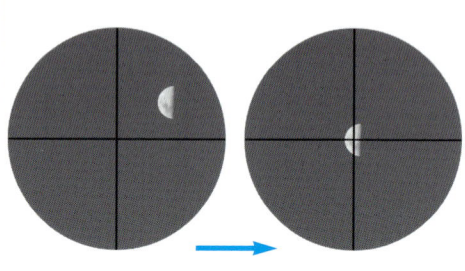

①まず，接眼部に天頂プリズムをセットし，最低倍率の接眼レンズを取り付けます．望遠鏡を月に向け，ファインダーで月を捉え，十字線の交点に合わせます．

②微動ハンドルを回して，月を視野の中央に合わせます．

③月がはっきり見えるように，ピント調節ハンドルを回してピントを合わせます．

購入後編〜天体望遠鏡を使ってみよう

■望遠鏡での月の向きに注意

直視(左)、天頂ミラー(中)、正立天頂プリズム(右)を使った場合では、月の向きが変わります。

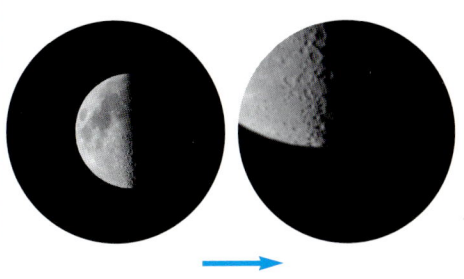

④低倍率で月を見たら、微動ハンドルを回して月を視野の中央に合わせ直し、高倍率の接眼レンズに交換します。

⑤視野の中に月が入っていることを確認して、ピントを合わせます。

⑥微動ハンドルを回しながら、月の見たい場所を視野中央に合わせます。

✨ うまく見えない理由

天体望遠鏡は，最初のうちはなかなかうまく使いこなせないものです．でもうまく見えない訳は，意外に単純な原因かもしれません．基本に戻り，一つ一つチェックしてみましょう．

● 対物キャップははずしましたか？
　笑い話ですが，これが意外に多いのです．乾燥剤を入れている人は，それも取り出しましょう．
　ファインダーや接眼レンズのキャップもはずしてくださいね．

● 鏡筒の上下動のバランスは，合わせましたか？
　バランスが合っていないと，鏡筒から手を離したとたん，鏡筒が動きだしたり，微動ハンドルを回しても，鏡筒が動かなかったりします．（→64ページ）

● ファインダーの向きは，主望遠鏡と平行に合わせましたか？
　ファインダーの光軸が主望遠鏡と合っていないと，いくらファインダーの十字線の交点に目標を合わせても，主望遠鏡の視野には入りません．（→72ページ）

購入後編〜天体望遠鏡を使ってみよう

■天体望遠鏡は精密器械
天体望遠鏡は，精密に研磨されたレンズと，がたつきがなく丈夫に作られた架台とが組み合わされた精密器械です．倒したりぶつけたりすることはもちろん，粗雑に扱うと精度が悪くなったり，強度が落ちたりします．大切に扱いましょう．

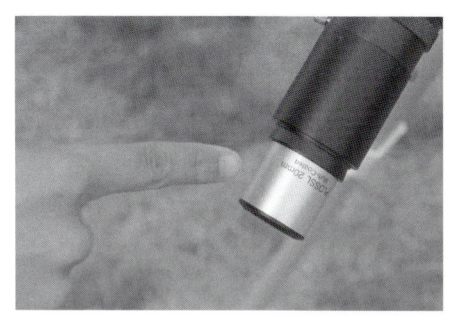

●接眼レンズは，低倍率（焦点距離の長いもの）から使っていますか？
　いきなり高倍率の接眼レンズを付けると，実視界が極端に狭いため，目標がなかなか視野に入ってきません．（→66ページ）

●ピントは，しっかり合わせましたか？
ピントの位置は，目標までの距離，見る人の視力，接眼レンズを替えたとき，天頂プリズムを使ったときに変わります．その度にしっかりピントを合わせましょう．
（→68ページ）

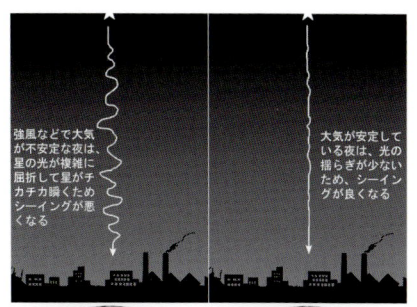

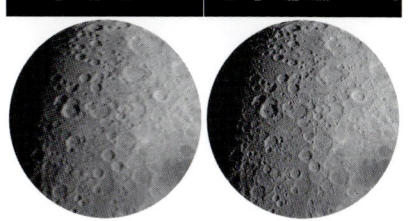

●シーイングが悪くありませんか？
望遠鏡のせいではありませんが，シーイング（大気の揺れ具合）が悪いと，高倍率での月・惑星は，ゆらゆら揺れるばかりで，よく見えません．星がチカチカ瞬いている夜は，一般にシーイングが悪いです．
　また，天体望遠鏡は，少なくとも星を見る30分前には外に出して，外気に慣らしておきましょう．
　シーイングのことをシンチレーションとも言います．

愛機のお手入れ

天体望遠鏡も，使っているうちにほこりが付いたり指紋が付いたりします．特にレンズの汚れは大敵で，カビが生える原因にもなります．定期的に対物レンズや接眼レンズのお手入れをしましょう．

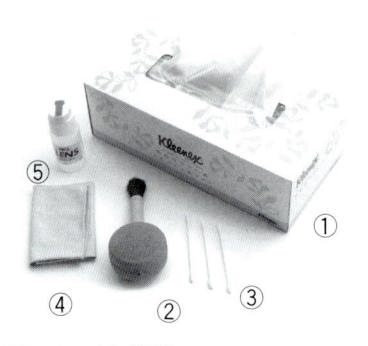

レンズ清掃をするために必要なものは，次の通りです．
① ティッシュペーパー
② ブロアーブラシ
③ 綿棒（数本）
④ メガネレンズクリーニングクロス
⑤ レンズクリーナー（エチルアルコール）

■対物レンズの清掃

① 鏡筒からレンズフードをはずします．フードを持って回しながら引っ張るとはずれます．

② ブロアーブラシで，レンズ表面に付いたほこりを，ハケと空気の圧力で払い落とします．

③ 対物レンズに息を吹きかけ，曇らせてから，ティッシュペーパーを折り畳んで，レンズの中心から円を描くように軽く拭き上げます．強くゴシゴシ拭くと，レンズに傷が付いてしまいます．汚れが落ちないときは，レンズクリーナーをティッシュやレンズクリーニングクロスにしみ込ませて行います．

購入後編〜天体望遠鏡を使ってみよう

■夜露でレンズがベタベタになったら？

望遠鏡で観望したあと，対物レンズが夜露でベタベタになっていたときは，レンズ表面をティッシュペーパーを軽く押し付けるように水分を取り除き，キャップをしないで，一晩自然乾燥しましょう．

■接眼レンズの清掃

接眼レンズのアイレンズ（見口側のレンズ）は，指紋が付いたり目やにが付いたりして，頻繁に汚れます．汚れると像がかすんだりにじんだりするので，こまめにお手入れをしましょう．

※もし内部にカビが生えた場合は，メーカーや販売店に取れないか相談しましょう．

①ブロアーブラシで，レンズ表面に付いたほこりを，ハケと空気の圧力で払い落とします．

②レンズに息を吹きかけ，曇らせてから，ティッシュペーパーを折り畳んで，円を描くように拭き上げます．

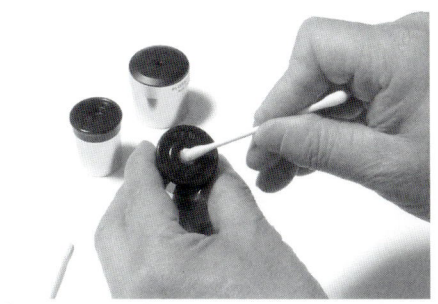

③アイレンズの小さい接眼レンズは，綿棒を使って拭きます．決してゴシゴシこすってはいけません．

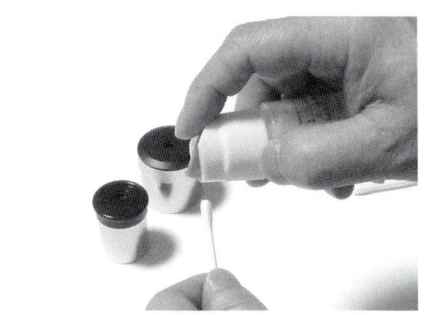

④汚れが落ちないときは，レンズクリーナーをティッシュや綿棒にしみ込ませて行います．

✦ 愛機改造計画

天体望遠鏡を使っていくにつれ，細かな問題点やもっと使いやすくしたい点が見えてくるものです．そこでここでは，ミニポルタA70LfやMT-70Rの簡単な改造をしてみましょう．

■ミニポルタA70Lfのファインダー改造

ミニポルタのファインダーは，ファインダーにガタがあるため，せっかく光軸を合わせても簡単に狂ってしまいます．そこでこんな改造をしてみましょう．

《症状》
ファインダー脚のファインダー取り付け部の内径が，ファインダーの外径よりも大きいため，ガタガタします．

《対策》
ファインダー鏡筒にビニールテープまたは紙を巻いて，ガタをなくしましょう．

矢印の部分に，ビニールテープか紙テープを，ガタがなくなる程度に巻きます．

矢印のように巻いたテープが，2mm程度出た位置でファインダーを固定します．

《症状》
ファインダー脚を鏡筒に取り付ける台座の裏面がツルツルのため，取り付けネジをしめても，ガクガクします．

《対策》
台座の裏面に，薄いゴムシートを両面テープで矢印のように2ケ所に貼り付けましょう．

購入後編〜天体望遠鏡を使ってみよう

■改造は楽しい

愛機の改造をしたくなるということは，それだけ望遠鏡を使いこなしている証拠．鏡筒や三脚に蛍光テープを貼ったり，できるところからどんどん改造して，オリジナルマイ望遠鏡に仕上げてゆくのも楽しみの一つです．

■MT-70Rの改造

MT-70Rの問題点は，接眼レンズにあります．せっかく望遠鏡の基本性能が良くても，接眼レンズの性能が悪くては台なしです．思いきって接眼レンズを交換しましょう．見違えるほど像が良くなります．また，3×バーローレンズも像を悪くする要因です．

《症状》
接眼レンズにハイゲン系の接眼レンズを使っているため像にコントラストがないうえ，周辺で像がぼけます．

《対策》
接眼レンズを，オルソやプローセルなどの高級なものに交換．（例：PL20mm,PL5mm）

■思いきってファインダーを交換する

星雲星団の探しやすさは，ファインダーの性能で大きく左右されます．ファインダーが良く見えない場合は，思いきってファインダーを交換しましょう．ファインダーは，望遠鏡メーカーで市販されている6倍30mmを使います．ただし，そのままでは脚の取り付けサイズが違うので，板を使って簡単な台座を作ります．そして，その台座の上に新しいファインダー脚を取り付けます．

旧
新
ミニポルタA70Lf　　MT-70R

■アクセサリーケース

接眼レンズ，工具，ライトなどは，アクセサリーケースにまとめると便利．

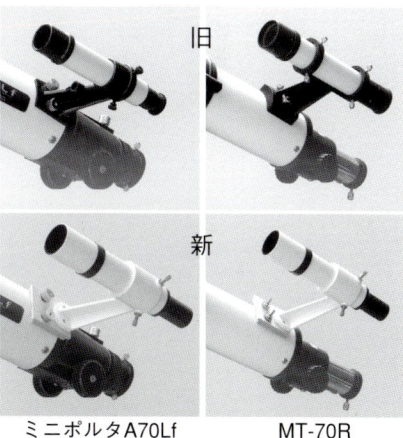

表　裏
ファインダー取り付け台座

望遠鏡のあゆみ〜4

◆屈折望遠鏡の逆襲〜フラウンホーフェルの活躍

　屈折望遠鏡は，焦点距離を短くすると，レンズが厚くなり色収差が生じて像がぼけることから敬遠され，ハーシェルの1.2m，ロス卿の1.8mに代表される金属鏡の大反射望遠鏡が主流となっていました．

　ところが1733年，イギリスの弁護士ホールは，屈折率の異なる凸レンズと凹レンズを組み合わせることによって，色収差のない色消しレンズを発明し，世界最初の口径64mm焦点距離503mmの色消し対物レンズを使った望遠鏡を完成したのでした．これにより望遠鏡の主流は，屈折へと移って行ったのです．

　ただ，その当時製造されていたガラスは，メガネや窓ガラスに使われる屈折率の低いソーダガラスと，高級ガラス食器やシャンデリアなどのカットグラスに使われる屈折率の高い鉛ガラスでした．光学的にはまだまだ未熟なものだったのです．

　1790年，スイスのギナンは光学ガラス（レンズ設計に必要な屈折率と無色透明な均質ガラス）の製造に成功．性能の良い屈折望遠鏡の道が開けたのです．

　その後，ギナンの助手を務めていたドイツのフラウンホーフェルは，光学ガラスの製作技術確立，光学ガラスの屈折率を測定する色を，自ら発見した太陽スペクトルに見られるフラウンホーフェル線によって決定する，工場でのレンズ製造管理を確立するなど，屈折望遠鏡の発展に絶大なる貢献をしました．

　フラウンホーフェルは，1819年に口径24.4cmの画期的な屈折赤道儀を製作しました．後年，これと全く同じ規格の望遠鏡がベルリン天文台にも建設され，1846年9月23日にガレが，海王星を発見しました．

　このようにして，屈折望遠鏡黄金時代が訪れたのです．

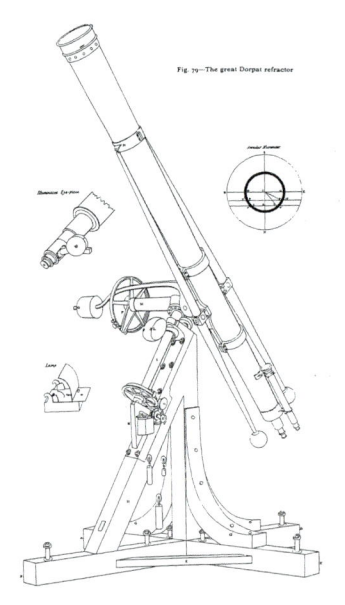

フラウンホーフェルの24.4cm屈折赤道儀

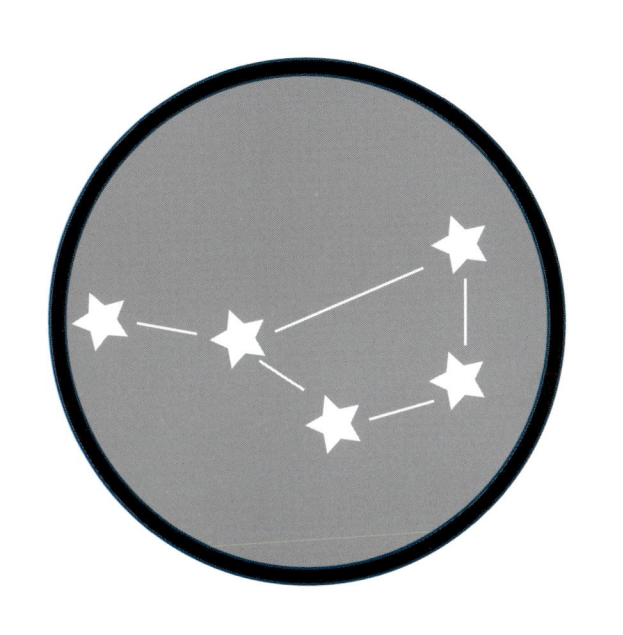

これだけは見ておきたい天体

月を見よう

天体観望は「月に始まり，月に終わる」といわれるほど，魅力的なムーンウォッチング．我々に最も近い天体，月．それだけに小型望遠鏡でもおもしろいように表面の地形がよく見えますし，月齢によって見える対象は日々変わってゆくので飽きることがありません．今夜は，望遠鏡を月に向けてみることにしましょう．

■満ち欠けする月

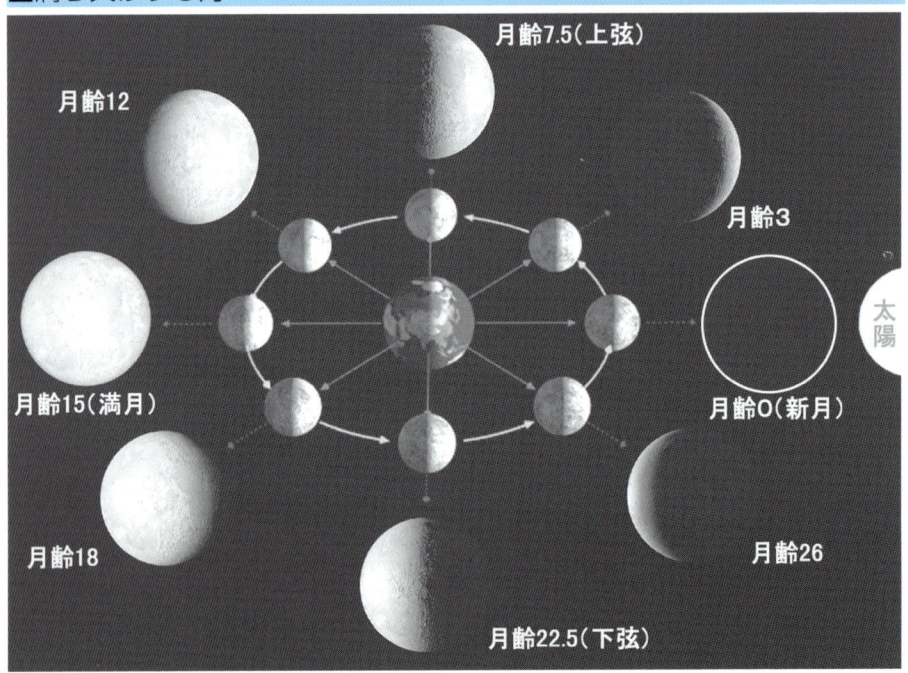

 月は太陽の光を反射して輝いているので，地球のまわりを公転するにつれ，輝いて見える部分が変化します．これが満ち欠けです．地球から見て月が太陽と同じ方向にある（太陽と月の黄経が等しくなる）ときが新月または朔で，月の夜の部分が地球に向いています．月と太陽の黄経差が90°のときが上弦，180°のときが満月，270°のときが下弦となります．これを約29.5日の周期で繰り返しているのです．

 月齢は，新月を0としてその時点から経過した日数のこと．たとえば新月から12時間後の月齢は0.5というように，1日未満は小数で表します．また，月は西から東に1日に約13.2°ずつ移動してゆくので，月の出没時刻は，1日に約50分ずつ遅くなります．

購入後編〜天体望遠鏡を使ってみよう

■月齢によって見え方が違う

クレーターのでこぼこした立体感は，太陽の光が斜めから当たってクレーターに影ができているから見えるのです．同じクレーターでも，東から照らされるときと西から照らされるときがあり，これによって影の付き方が大きく変わり，かなり印象の異なるクレーターに見えます．また，真上から太陽が照らす満月時のようすもまったく違うので，いろいろな月齢で見ることがポイントです．

上弦の月（月齢7.5）
夕方に南中

満月（月齢15）
夜中に南中

下弦の月（月齢22.5）
明け方に南中

■月に見られる地形

月面にあるのは海とクレーターだけではありません．地球上と同じようにさまざまな地形が見られます．

・山脈

山の連なりで，主として海の周囲に海と陸を区切るように分布しています．

・谷

月面上の溝，割れ目や，小クレーターが連なるものなど形態はさまざまです．

・シワ・ドーム

シワは筋状のゆるやかな起伏．ドームは丸く盛り上がった地形．どちらも海に見られ，高低差があまりないため，欠け際近くにあるときでないと見ることができません．

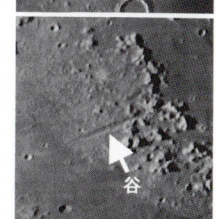

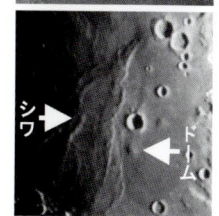

⭐ 太陽を見よう

太陽は昼間観測することができる貴重な天体です．太陽面で最も目につくのが黒点．たかが黒い斑点じゃないかと思われがちですが，毎日見ていると太陽が自転していることがわかるのはもちろん，黒点がたえず形を変えていることがわかって，とても興味深いものです．

■まぶしい太陽をどうやって見るの？

太陽を見るにあたっての最大の問題は，あのまぶしすぎる太陽を，どうやって安全に目に優しい方法で見るかです．望遠鏡で太陽を見る方法はいくつかありますが，いちばんのお勧めは，太陽投影板を使うことです．

太陽投影板とは，四角または円形の白い板の上に，接眼レンズで拡大された太陽像を投影するためのアクセサリーです．

太陽投影板を使うにあたっての注意点は，使用する接眼レンズがケルナー(K)やオルソスコピック(Or,PL)のようにレンズを貼り合わせてあるタイプでは，接合に使ってある接着剤が熱で溶ける恐れがあることです．

ただ，最近の接眼レンズは，熱に強いエポキシ系接着剤を使用した太陽観望OKのものがほとんどなので，取扱説明書やメーカーで確認してみるとよいでしょう．

■太陽を導入する方法

太陽を望遠鏡の視野内に導入するときは，失明の危険があるので，絶対に直接ファインダーや望遠鏡を覗かないこと．また，ファインダーには必ずキャップをしておきましょう．

太陽を望遠鏡でとらえるには，直接覗かないで，地面に映った望遠鏡の影を見ながら視野内に導入します．地面に映った鏡筒の影が，右の写真のようにいちばん小さくなるように望遠鏡を動かしていくと，太陽が視野に入ってくるはずです．

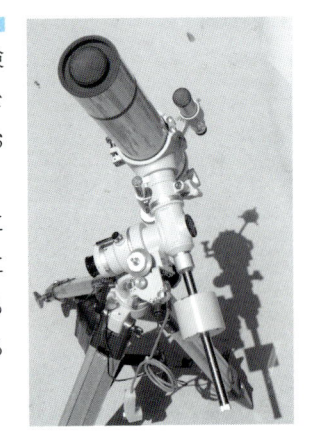

■太陽面に何が見える？

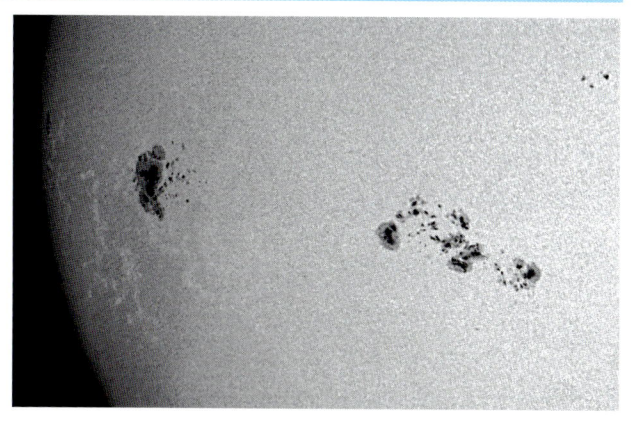

太陽表面に見えているものは，実際は黒点だけではありません．小型望遠鏡でも太陽のさまざまな構造を見ることができます．

・黒点

黒点は，周囲よりも温度が低いために黒く見えるといわれています．望遠鏡で黒点を詳しく見ると，真っ黒の部分と，そのまわりを取り巻く半暗部と呼ばれる薄黒い部分に分かれていることがわかります．また半暗部には，放射状に走るすじ状の組織が認められます．黒点は，1日に約14°ずつ東から西に移動しながら，成長衰退をしています．寿命は一般的に数日ですが，肉眼でも見える大黒点は数ヶ月の寿命があるものもあります．

・白斑

太陽面にある白く明るく見える斑点．この部分はまわりより温度が高いのです．白斑は，中心部より周縁部でよりはっきり認められます．

・粒状斑

太陽面を拡大撮影すると，表面は一様ではなく視直径1〜2分の非常に小さな米粒のような斑点がぎっしり詰まっていることがわかります．このツブツブを粒状斑と呼んでいます．

■黒点が見えないときもある

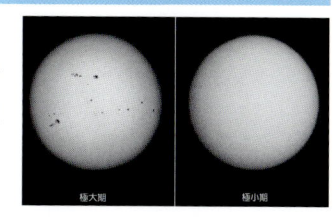

黒点の数は，およそ11年の周期で増えたり減ったりすることが長年の観測からわかっていて，これを太陽周期と呼んでいます．極大期にはたくさんの黒点が見られますが，極小期になると無黒点状態になるほどの極端な変化を見せます．しかし極小期だからと言って油断は禁物．突然，肉眼でも見えるような巨大黒点が現れることもあるのです．

金星を見よう

金星は，地球のすぐ内側を回る，地球とほぼ同じ大きさの惑星なので，地球の双子星と呼ばれてきました．かつては金星人がいると信じられていたこともありました．しかし最近の観測から，実際は地球とはまったく違う灼熱地獄のような星であることがわかりました．

■満ち欠けする金星

夕方の西空で見える金星を宵の明星，明け方の東の空で見える金星を明けの明星と呼んで，決して夜中に見ることはできません．

また，-4等という強烈な輝きは，表面が二酸化炭素の厚い大気と硫酸の雲で覆われているからです．その雲のおかげで，望遠鏡で覗いても表面の模様は見えないのですが，月のように欠けていることがわかってちょっとした驚きです．

続けて観望すると，満ち欠けをするとともに，みかけの大きさまでも変化して行くようすがわかり，三日月状のときは大きく，満月状のときは小さく見えます．

金星が満ち欠けすることを発見したのはガリレオ・ガリレイで，木星の衛星の発見とともに，地動説が正しいことに確信を持ったということです．

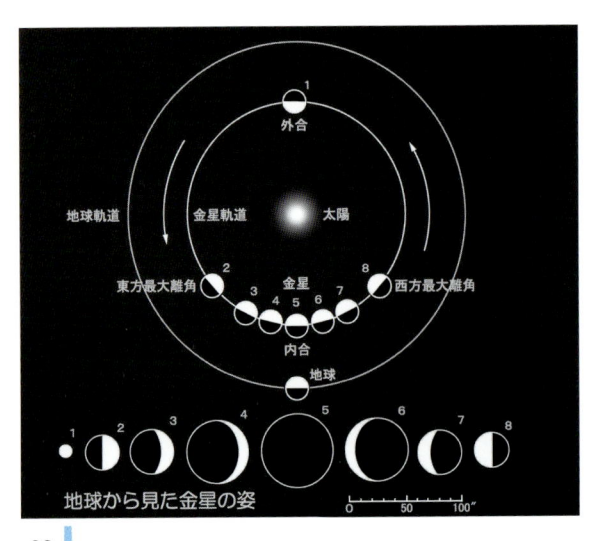

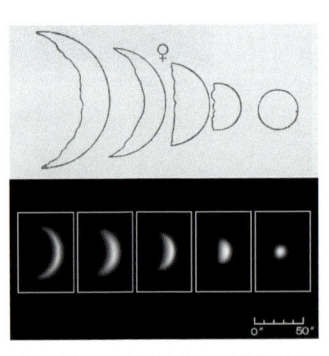

200倍

上：ガリレオのスケッチと写真
左：金星が満ち欠けするようす

地球から見た金星の姿

火星を見よう

購入後編〜これだけは見ておきたい天体

地球から見ると不気味に赤く輝く火星．血の色に見えることから，昔から争いの星と言われました．赤く見える理由は火星の大地がさびた鉄を含んだ土でおおわれた荒れ果てた大地だからなのですが，20世紀初頭まで，火星人が高度な文明を築いていると考えられていました．

■2年2ヶ月ごとに接近する火星

　火星は地球のすぐ外側の軌道を回っていながら，直径が地球の半分ほどしかないため，地球と火星とが軌道上でとなりどうしに並ぶ接近のときでないと，表面の詳しい観測ができないのです．その接近はおよそ2年2ヶ月ごとに起こります．

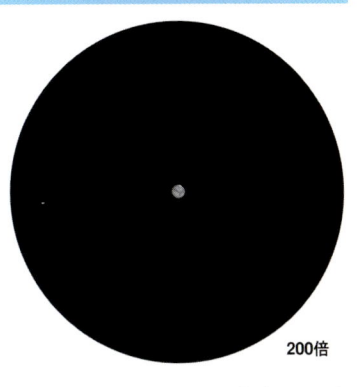

　それでも接近時には，小型望遠鏡でも表面のもようを見ることができます．まず気が付くのが，火星の上方または下方に白く輝く楕円形のもようで，極冠と呼ばれています．これは，地球の南極や北極にあたる部分で，二酸化炭素が凍ってできたドライアイスが薄く積もって白く輝いているのです．極冠は，火星の季節によって大きさが変化し，どちらか片方しか見えません．ほかには，大シルチスと呼ばれる火星の赤道付近に広がる三角形の薄黒いもようが目立ちます．火星は24時間20分で自転しているので，毎晩同じ時刻に観望すると，もようの位置が少しずつ動いてゆくことがわかります．

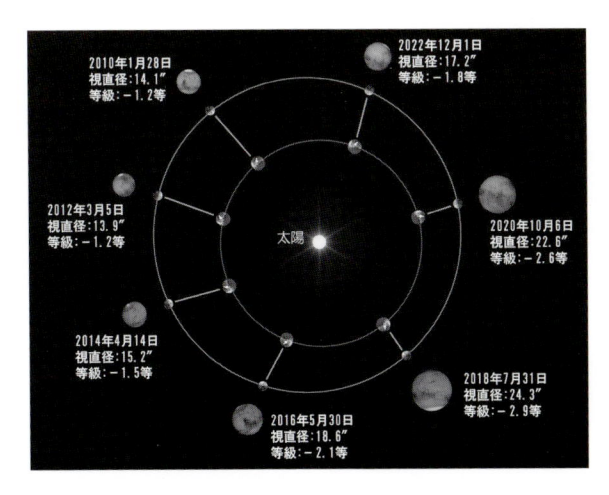

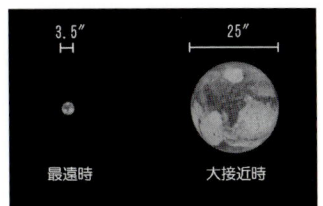

200倍

上：最遠と最近の視直径の違い
左：火星が接近する時期と視直径

木星を見よう

太陽系最大の惑星，木星．直径は地球の約11.5倍もあるガスの惑星です．その成分のほとんどが水素で，これは太陽の成分と同じです．もし木星がもう少し大きく成長していたら，太陽と同じように内部で核融合反応が始まって自分で光りだしたと言われています．

■4つの衛星と縞もようが見える木星

木星は実に60個以上もの衛星を従えていますが，望遠鏡で木星を見たときにまず気がつくのが，木星のまわりを回る4つの衛星です．1610年に，ガリレオ・ガリレイによって発見されたので，「ガリレオの四大衛星」と呼ばれています．内側からイオ，エウロパ，ガニメデ，カリストの順で回っていて，そのようすは，まるでミニ太陽系を見ているようです．

木星はガスでできているうえ，10時間弱という短い時間で自転しているため，遠心力で東西方向に膨らんだ楕円形をしています．表面には何本もの縞もようが見えますが，これは東西方向に吹く風によって流された雲のもようです．見える縞の数は口径によって異なり，口径8cmで4本程度です．

木星の最大の名所は，大赤斑と呼ばれる赤い目玉．これは，東風と西風がすれ違うところに発生する渦巻きもようで，大きさは地球の直径の2倍から3倍ぐらいあります．ただし木星は約10時間の周期で自転しているので，見えないときもあります．

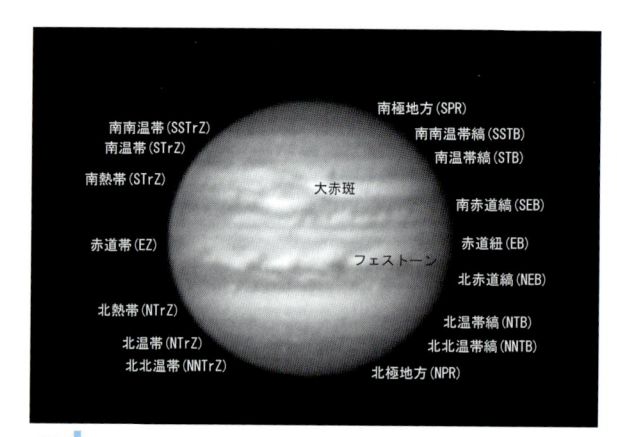

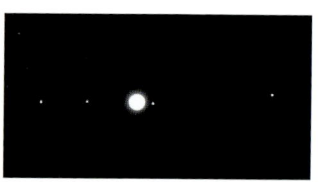

上：ガリレオの四大衛星
左：縞もように付けられた名称

土星を見よう

購入後編〜これだけは見ておきたい天体

太陽から15億kmの彼方を29年かけて一回りする、リングをもつ惑星、土星。直径は地球の約10倍、木星と同じように地面のないガスの惑星です。そのため大きさのわりには軽く、密度は水より小さい0.69。もし土星が入るプールがあれば、土星は浮いてしまうのです。

■リングのある土星

土星の魅力は何といっても本体を取り巻くリング。リングはいつでも見ることはできるのですが、実は毎年少しずつ傾きが変化しています。理由は、土星の自転軸は約26.7°傾いているために、土星が太陽のまわりを約29年かかって公転するうちに、我々の地球は土星を北から見上げたり、南から見下ろしたりすることになるためです。

2009年の夏には、リングを真横から見る角度となり、15年ぶりにリングの消失が起こりました。そして2016年にはリングの傾きは最も大きくなります。

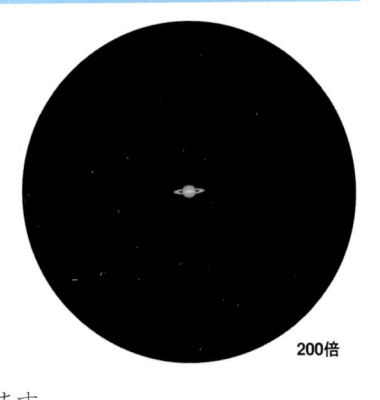

200倍

リングは無数の細かい粒子が集まってできていて、現在はA〜Gリングまで分類されています。口径8cmの望遠鏡ではA〜Cリングを見ることができ、土星本体の縞もようや、Bリングが一番明るくAリング、Cリングの順で暗くなること、AリングとBリングの間の隙間"カッシニの空隙"がわかり、土星の神秘に心の底から感動することができます。

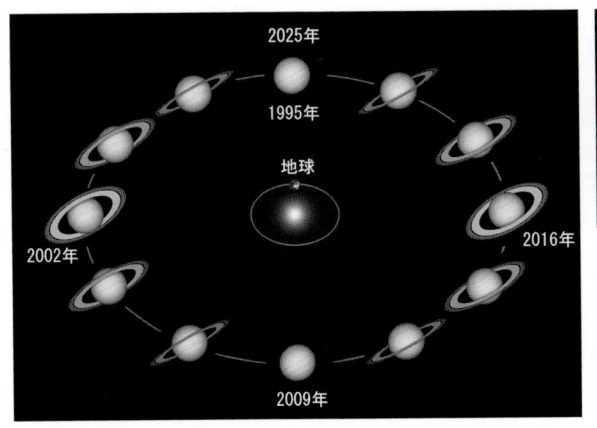

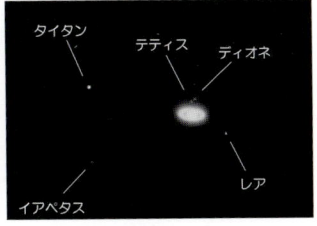

上：土星の衛星。タイタンをはじめ数個の衛星が見える。

左：土星のリングの傾きの変化

⭐ 星空を見よう～春

や わらかな陽ざしが積もった雪を解かし始めると，里にも春が訪れます．雪解け水のせせらぎをＢＧＭに，星空を仰いでみましょう．春の星座たちが，やさしげな輝きで夜空を飾っています．

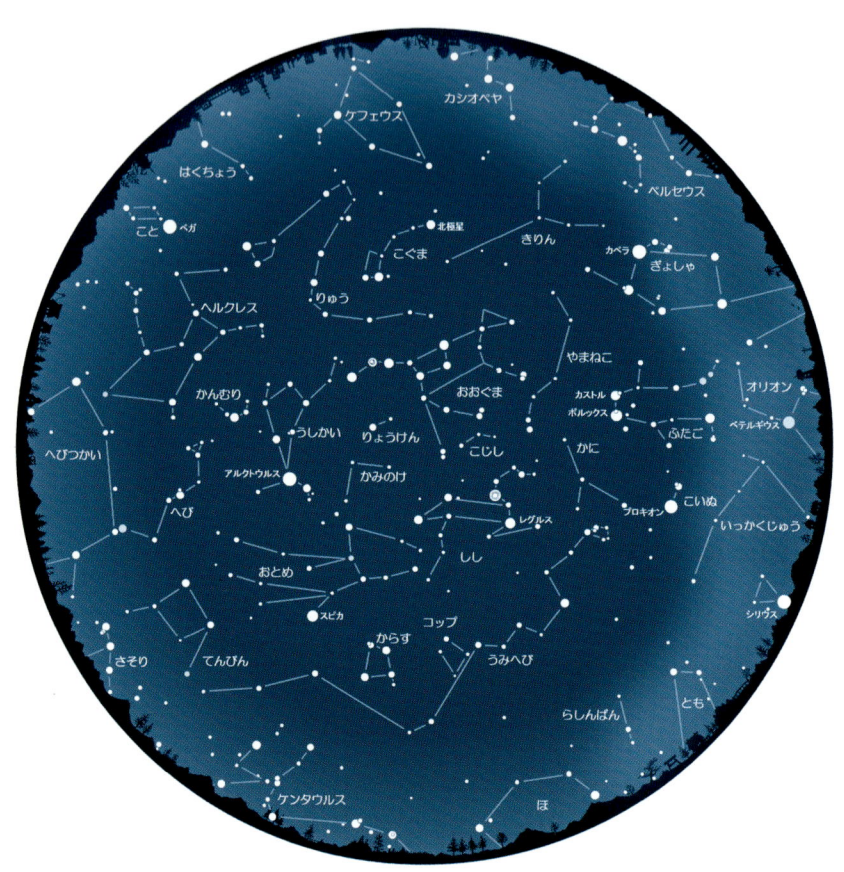

　　北の空高くに北斗七星が昇っています．少し曲がったひしゃくの柄のカーブに沿って南に線を延ばして行くと，まず黄金色に輝くとても明るい星にぶつかります．うしかい座の主星，アルクトゥルスです．さらにカーブを延ばして行くと，こんどは純白の明るい星に出会います．おとめ座の主星スピカです．
　　この北斗七星からスピカに伸びる大きなカーブを"春の大曲線"といい，春の星座を探すときの目印になります．また，アルクトゥルス，スピカとしし座のしっぽの星デネボラとを結んでできる大きな三角形を，"春の大三角"と呼びます．

■散開星団　M44（プレセペ星団）

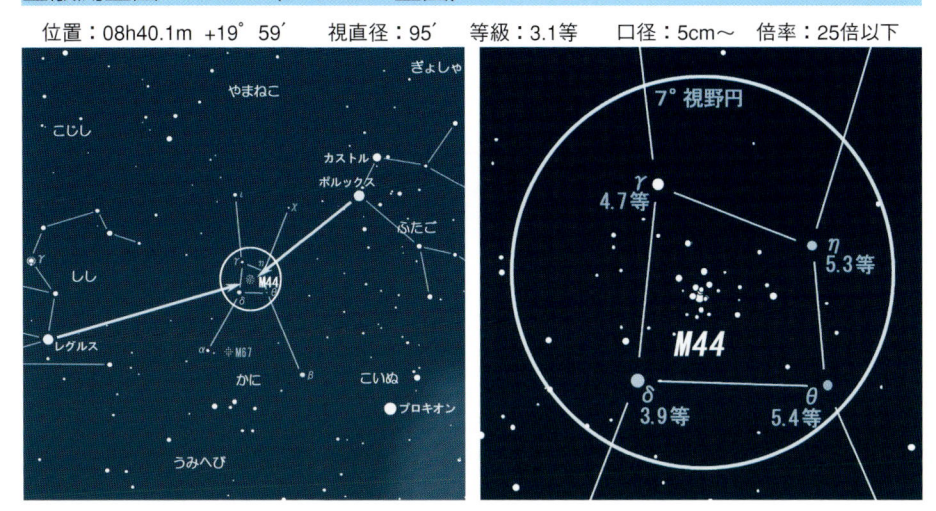

位置：08h40.1m　+19°59′　　視直径：95′　　等級：3.1等　　口径：5cm〜　　倍率：25倍以下

　プレセペ星団は，かに座のこうらの上でキラキラ光る散開星団．肉眼でもボヤッと雲のように見えるほどの明るさなので，見つけるのは簡単です．双眼鏡やファインダーなら，ふたご座のポルックスとしし座のレグルスの中間あたりを探してみてください．夜空にちりばめられた細かいダイヤモンドのような星のかたまりが視野に入ってきます．

　プレセペは昔から雲のような天体として知られていて，ギリシャ時代には「小さな雲」と呼ばれていました．中国では「積尸気」といって，人が死んだときに立ちのぼるガスに見立てています．イギリスでは「蜂の巣」と呼んでいます．

　この星団は視直径が大きいので，望遠鏡では25倍以下で見ないと，視野からはみ出して星団らしさが損なわれてしまいます．

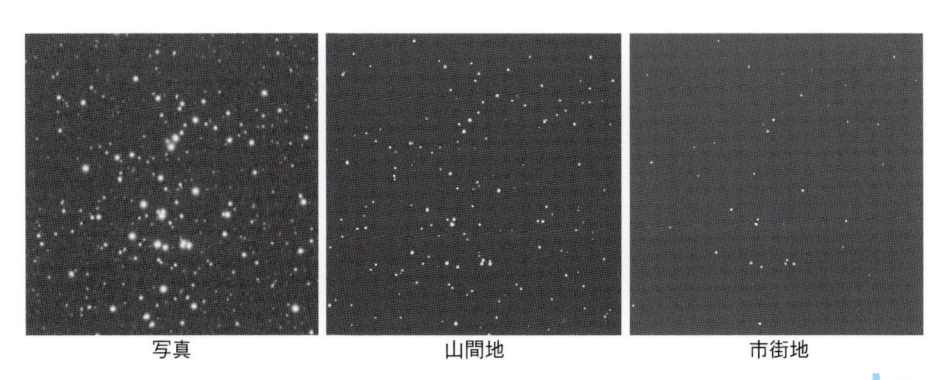

写真　　　　　山間地　　　　　市街地

93

■銀河 M51（子持ち銀河）

位置：13h29.9m +47°12′　視直径：11.0×7.8′　等級：8.4等　口径：8cm～　倍率：50倍～

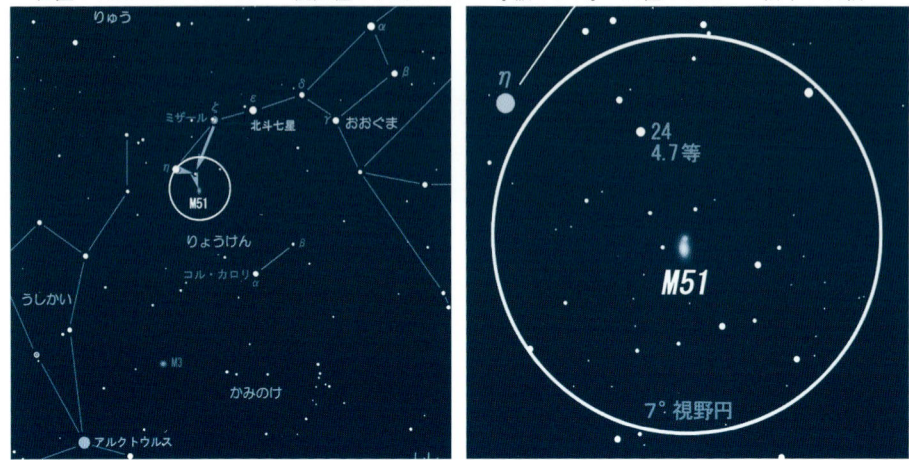

おおぐま座のしっぽの南にあるりょうけん座には，銀河ベスト5に入るほどのみごとな大型銀河M51があります．大きな渦巻銀河に小さな銀河が，まるで母親にぶら下がる子どものように見えることから，「子持ち銀河」の名で呼ばれています．この姿になったのは，大小二つの銀河が衝突した結果だと考えられています．

おおぐま座のしっぽの先η星の南西約4°にあり，市街地でも望遠鏡で二つの光点とそれを取り巻く光芒を見ることができます．空の条件がいいところでは，口径8cm50倍程度で親銀河の渦巻構造が見え始め，そのうちの1本が子銀河に伸びているようすがわかります．

口径が大きくなるほど腕がはっきり見えるようになって，見てよかったなと感じさせてくれる，春の一押し銀河です．

写真　　　　　山間地　　　　　市街地

購入後編〜これだけは見ておきたい天体

■二重星　おおぐま座ζ星（ミザール）

位置：13h23.9m　+54°56′　離角：14.2″　位置角：150°　等級：2.1-4.2等　口径：5cm/50倍〜

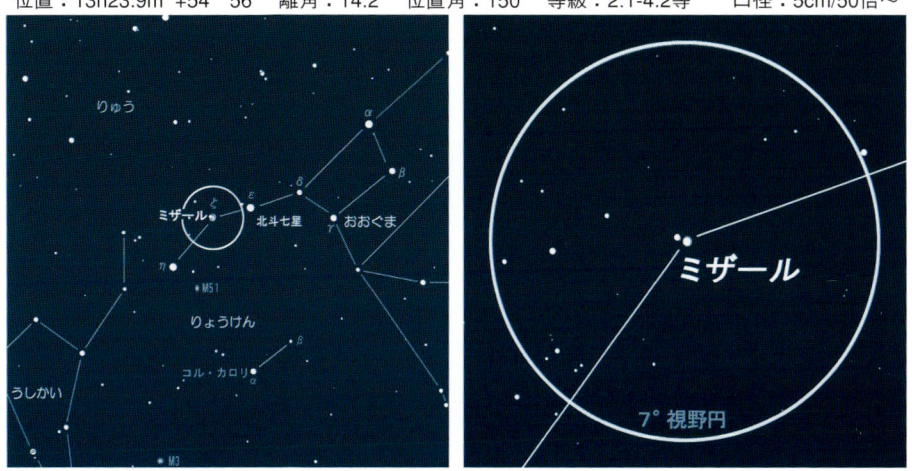

　北斗七星の柄の先から2番目の2等星ミザールは，すぐ横に4等星のアルコルがくっついている肉眼二重星です．昔アラビアではこの星を視力検査に使ったといいます．二つに分かれて見えたら合格というわけです．ミザールとアルコルの間隔は0.2°程ですから，普通の視力の人なら二つに分かれて見えると思います．ぜひ，あなたも肉眼で挑戦してみましょう．

　ところでミザールを望遠鏡で見ると，アルコルは遠く離れてしまいますが，ミザールのすぐとなりにまたまた4等星がくっついていることがわかります．間隔は14″程なので，ミザールとアルコルの間隔の1/50しかありません．このように接近した二重星は，望遠鏡でしか分離できないのです．

　ミザールは，お互いの引力の影響で回っている二重星で，連星と呼んでいます．

■みかけの二重星

距離はまったく違うのに，たまたま二つの星が同じ方向に見えるため，並んで見えるだけの二重星．かつては，見かけの二重星だと思われていたものが，精密な観測を行なった結果，長周期で回る連星だとわかったものもあります．

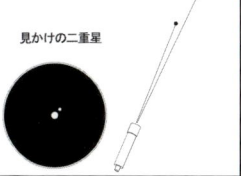

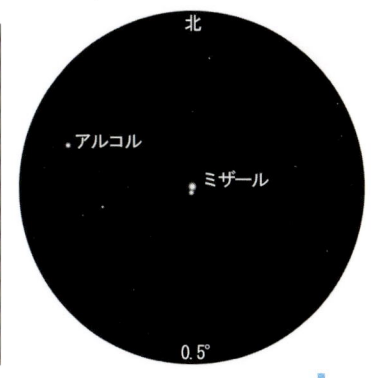

95

☆ 星空を見よう〜夏

焼け付くような太陽が地平線に消え，じれったいほどゆっくりな薄明が終わると，やっと短い夜が訪れます．漆黒のビロードの上に砂金をこぼしたように美しい天の川が，北から南へと流れています．

　天頂近くで，七夕の織女星（こと座のベガ）が明るく輝いています．そして天の川をはさんで，南には牽牛星（わし座のアルタイル）が見つかります．さらにその間をはくちょう座が飛んでいます．はくちょう座のお尻で輝く1等星デネブと，ベガ，アルタイルを結んでできる二等辺三角形を，"夏の大三角"と呼びます．

　天の川を南へ下ってゆくと，地平線近くに毒針をピンと跳ね上げたさそり座が不気味に横たわっています．赤く輝く1等星は，アンタレスです．さそりの東には，半人半馬の星座いて座があります．

購入後編〜これだけは見ておきたい天体

■球状星団　M13（ヘルクレス座の球状星団）

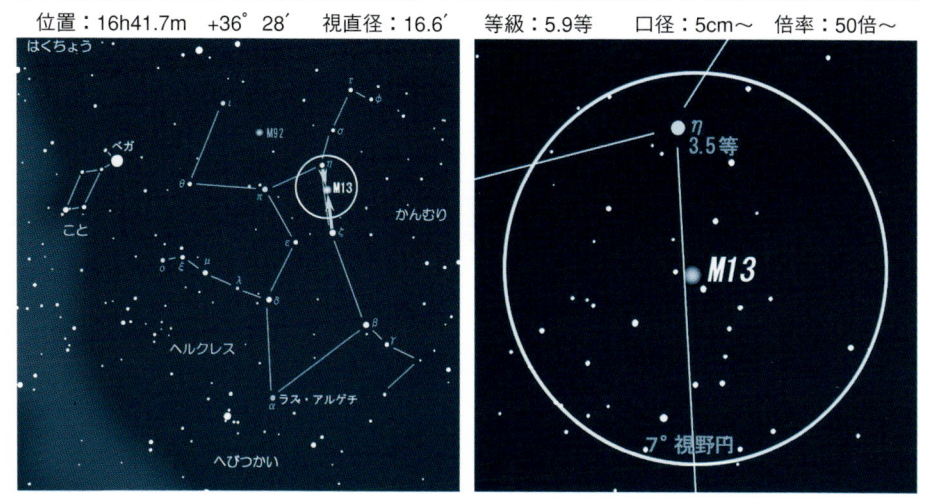

位置：16h41.7m　+36°28′　　視直径：16.6′　　等級：5.9等　　口径：5cm〜　　倍率：50倍〜

　数千個から数十万個の星が球形に密集している不思議な天体，球状星団．なぜこのような天体ができたのかまだよくわかっていませんが，年寄りの星の集団であるといいます．たくさんの球状星団の中で，北天の球状星団ベスト3のトップに君臨するのがヘルクレス座にあるM13．1714年，ハレー彗星でおなじみのエドモンド・ハレーによって発見されました．

　ヘルクレス座のη星(3.5等)とζ星(2.8等)の中央，やや北寄りという見つけやすい位置にあり，月のない良く晴れた夜には肉眼で見えます．双眼鏡やファインダーで丸くにじんだ星雲状に見え，他の球状星団とは違った迫力を感じさせてくれます．望遠鏡では，口径8cmでも100倍以上で，毛玉のような丸い星雲の周辺がざらざらとして，星の大集団のような雰囲気が味わえます．

写真　　　　　　　　　山間地　　　　　　　　　市街地

97

■散光星雲　M8（干潟星雲）

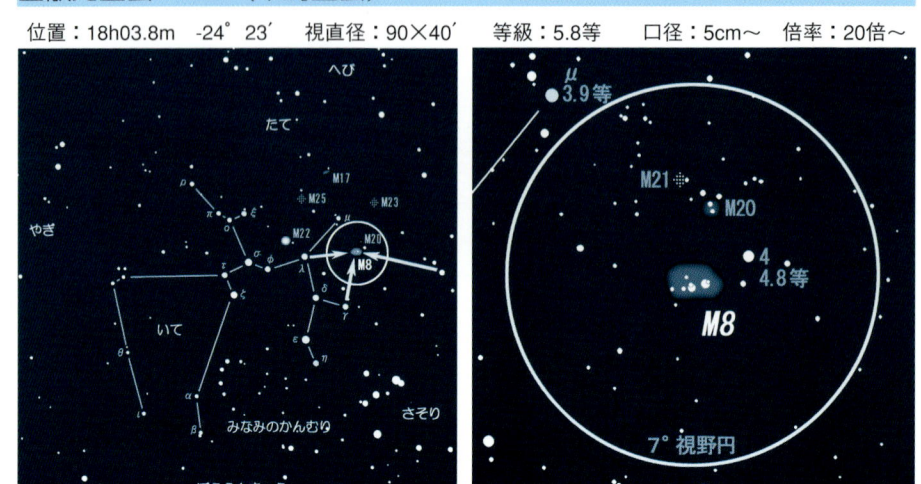

位置：18h03.8m　-24°23′　視直径：90×40′　等級：5.8等　口径：5cm〜　倍率：20倍〜

　夏の天の川はダイナミック．とくにさそり座からいて座あたりの川幅が広くなり明るくなっていますが，これは銀河の中心方向を見ているからです．この部分は，グレートスタークラウドと呼ばれ，そこから飛び出したようにいて座の南斗六星の西で，ひときわ明るく光る光芒が見つかります．これが散光星雲M8です．星雲のガスの流れが，潮が引いたあとの砂浜のようすと似ていることから，"干潟星雲"と呼ばれています．

　低倍率で見ると星雲に散開星団が重なっていることに気が付きますが，この星の集団はこの星雲の中で生まれた星たちのようです．こちらにはNGCナンバー6530が与えられています．山間地では，暗黒帯で東西に分断され，星雲が複雑なガスの流れで構成されていることがわかり，あまりの美しさにため息が漏れるでしょう．

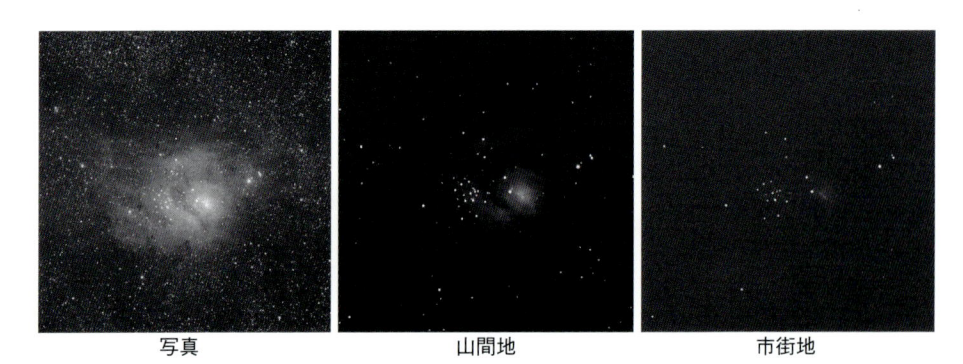

写真　　　　　　　　山間地　　　　　　　　市街地

■二重星　はくちょう座β星（アルビレオ）

位置：19h30.7m　+27°57′　　離角：34.6″　　位置角：55°　　等級：3.1-5.3等　　口径：5cm～/20倍～

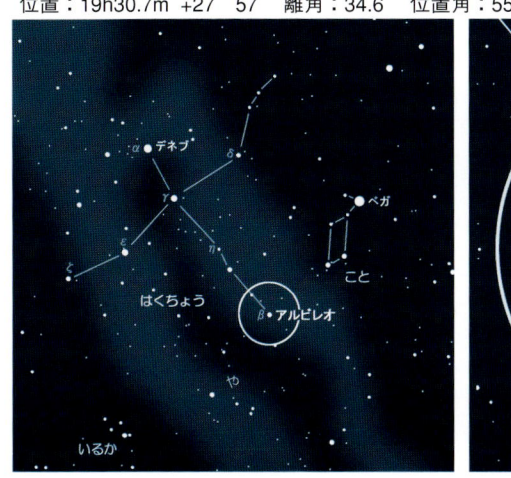

　はくちょう座のくちばしにあたるところで光る3等星アルビレオは，小型望遠鏡の対象となる二重星の中で最も有名で美しいでしょう．オレンジの3等星とブルーの5等星が34.6″の間隔で並んでいます．かつては見掛けの二重星とされていましたが，最近は周期10万年でお互いの重心を回る連星であることがわかっています．

　宮沢賢治は，著作「銀河鉄道の夜」の中で，天の川の水の流れを測る大小二つの球に見立て，色の対比をトパーズ色とサファイア色と表現しています．また，シンガーソングライターのさだまさしさんは，歌「二つ並んだ星アルビレオ」で，韓紅と瑠璃と歌っています．

　この美しいペアは口径5cm20倍から楽しめ，きっと誰もが「星の色がこれほどまで違い，こんなに美しいのか」と改めて感動せずにはいられないでしょう．

■連星

　二つの星が，引力で引き合って互いの共通重心を一定の公転周期で回っている二重星．食変光星も連星にあたります．
　また連星は，望遠鏡で分離できる実視連星と，分光器を使って初めて連星だとわかる分光連星に分けることができます．

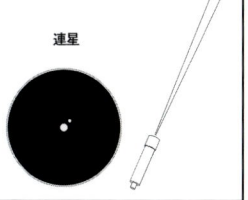

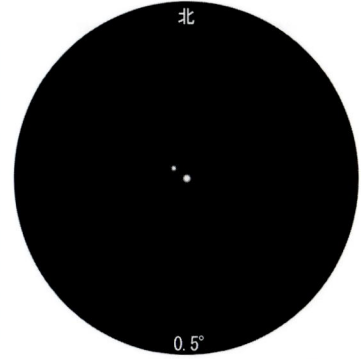

⭐ 星空を見よう〜秋

里の木々が赤や黄にうっすらと色付き，虫の音が心地よく耳に響くころには，夜空はしっとりとした秋の星座たちで埋め尽くされます．でも明るい星が少ないために，どことなく寂しげです．

　天頂に，3個の2等星と1個の3等星が作る四角形が見えています．ペガスス座です．さらに北東角の星から北東方向に明るい星をつないでゆくと，大きなひしゃくができあがります．水を汲む部分がペガスス座，柄の部分がアンドロメダ座です．四角形の西側の南北の辺を南に伸ばしてゆくと，みずがめ座を通って，秋の唯一の1等星，みなみのうお座のフォマルハウトにぶつかります．また四角形の東側の南北の辺を北に伸ばしてゆくと，カシオペヤ座を通って北極星にたどり着きます．逆に南に伸ばすと，くじら座のお尻にある2等星デネブカイトスにぶつかります．

■銀河　M31（アンドロメダ大銀河）

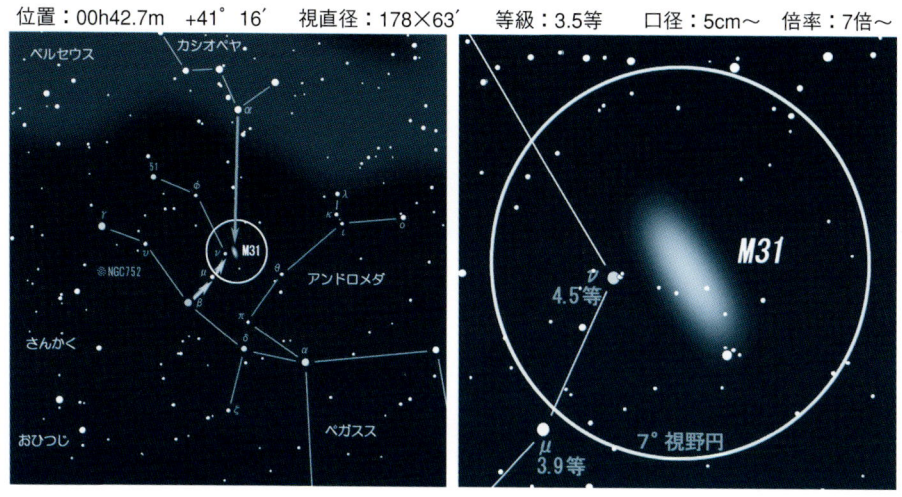

位置：00h42.7m　+41°16′　視直径：178×63′　等級：3.5等　口径：5cm〜　倍率：7倍〜

　秋の代表星座の一つ，アンドロメダ座の腰紐あたりに埋もれる巨大銀河，アンドロメダ銀河(M31)は，我々の銀河系とさんかく座にあるM33などとともに局部銀河団を形成しています．この中で最も大きな銀河がM31で，実直径はおよそ20万光年，距離は230万光年．我々の銀河系の2倍の大きさがあるようです．

　見かけの大きさはほぼ満月6個分，明るさは3.5等で，空の澄んだ月明かりのない夜なら，肉眼でかすかに見ることができます．双眼鏡やファインダーでは，アンドロメダ座のα星から北東へ，δ星−β星とたどり，こんどは北西へμ星−ν星とたどります．すると視野の中に，楕円形の淡い銀河が自然に入ってくるはずです．

　望遠鏡では，光芒を横切る暗黒帯などのディテールがわかり，なんとなく渦巻構造が見えてきます．また伴銀河のM32や，少し離れてM110も淡く見えます．

写真　　　　　　　山間地　　　　　　　市街地

■散開星団　NGC869,884（二重星団/h, χ）

NGC869／位置：02h19.0m　+57°09′　視直径：30′　等級：4.3等　口径：5cm〜　倍率：40倍以下

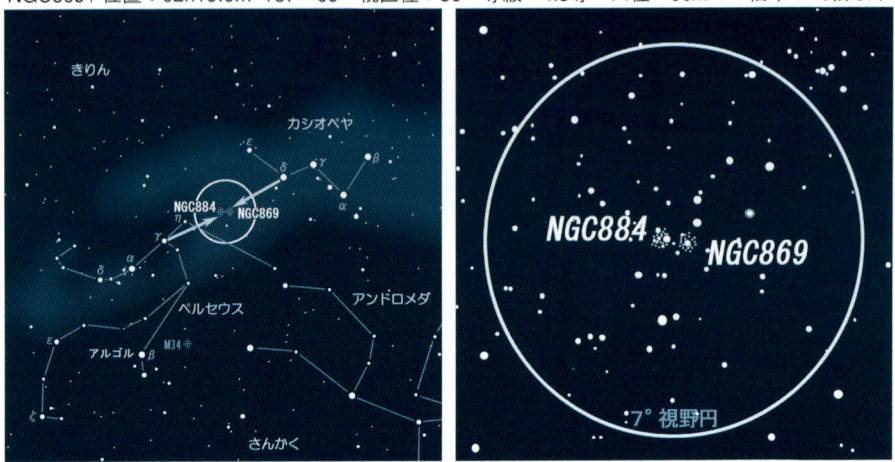

　カシオペヤ座とペルセウス座の境界あたりに、淡い秋の天の川の中でもひときわ明るい光のかたまりがあることに気が付きます。これが「二重星団」の名でおなじみの、散開星団NGC869とNGC884のペア。h, χ（エイチ, カイ）という呼び方もありますが、これはドイツの天文学者バイエルが、恒星と間違えてカタログに登録してしまったときの名残です。

　双眼鏡やファインダーで、天の川の中に並んだ二つの美しい星のかたまりが見えます。より詳しく見るためには、望遠鏡の40倍以下で、ほとんど双子といっていい二つの星団が視野いっぱいに広がります。まさに漆黒のビロードに砂金を散りばめたような美しさ。よく見ると100光年遠距離にあるNGC869の方が、密集度が高いことがわかります。またNGC884にはオレンジ色の星が見られ、とても印象的です。

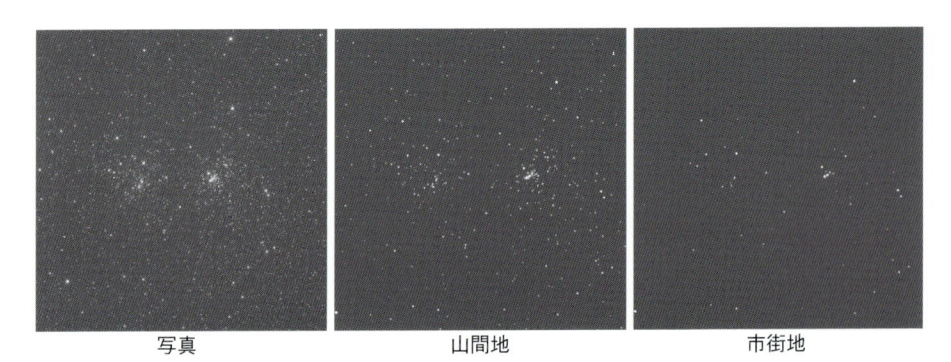

|写真|山間地|市街地|

購入後編〜これだけは見ておきたい天体

■二重星　アンドロメダ座γ星（アルマク）

位置：02h03.9m +42°20′　　離角：10.3″　　位置角：63°　　等級：2.3-5.5等　　口径：6cm〜/60倍〜

　はくちょう座のアルビレオは，色の対比が美しい二重星として有名ですが，アンドロメダ座の足先で光る2.3等星のγ星アルマクも，アルビレオに勝るとも劣らないすばらしい二重星です．

　色の対比は，アルビレオと同じオレンジとブルー．違うのは二つの星の間隔で，アルビレオの34.6″に対して，アルマクはたった10″しかありません．また二つの星の明るさが2.3等-5.5等と，等級差も大きいので，アルビレオよりずっと健気さ，いじらしさ，愛おしさが感じられます．

　口径5cm50倍程度でも二つの星に分かれて見えますが，より美しく見るためには，口径6cm以上，倍率60倍以上あるとよいでしょう．秋から冬にかけての，お勧めの二重星の一つです．ぜひ見てください．

■二重星のデータの意味

　主星と伴星の関係は，二つの星がどれだけ離れているかを示す離角(単位秒)と，伴星が主星に対してどの方向にあるかを示す方位角で表します．方位角は，北から反時計回りで主星と伴星を結んだ線までの角度を測ります．連星は，時間とともに離角も方位角も変化します．

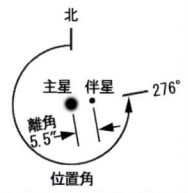

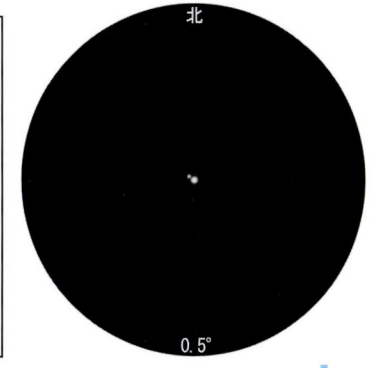

103

星空を見よう～冬

木枯らしが吹き，雪がちらつくようになると，星空は四季を通じて最も華やかな冬の星空にもよう替えします．凍て付く夜は，身も心も，星の光さえも引き締まり，より一層輝きが冴え渡ります．

　南の中天に，同じ明るさの星が3個等間隔で並んでいるのが目に入ります．オリオン座の三ツ星です．全天で21個しかない1等星のうち，8個が冬の星空で輝いていますが，これらの星はオリオン座から探すことができます．まず三ツ星を北西に伸ばすと，赤い1等星，おうし座のアルデバランに行き着き，反対に南東に伸ばすと，全天一の明るさを誇るおおいぬ座のシリウスにぶつかります．さらにシリウスとオリオン座のベテルギウスを1辺とする，逆正三角形を形作る位置に，こいぬ座のプロキオンがあります．"冬の大三角形"です．

■散開星団　M45（プレアデス/すばる）

位置：03h47.0m　　+24°07′　　視直径：110′　　等級：1.2等　　口径：5cm～　　倍率：25倍以下

　寒風吹きすさぶ真冬の夜は，寒さも第一級ですが，こんな夜は星空も最高です。夜半前，思い切り首を曲げて天頂付近を見上げると，すぐにボーッとした光のかたまりが眼に入ります。眼を凝らすと，6～7個の星がゴチャゴチャかたまっています。「そうか，これがすばるか」。初めて見つけたときの感動はひとしおです。

　双眼鏡やファインダーで見ると，6～7個の明るい星のまわりに暗い星がまとわり付いて，涙が出るほど美しい眺めです。それにしても，この星団ほど愛称を持っている天体は他にないでしょう。洋名「プレアデス」，和名「すばる」はおなじみで，6～7個の星が見えることから，六連星や七曜星，星の配列から羽子板星，星がゴチャゴチャ集まっているから，「ゴチャゴチャ星」「寄り合い星」などなど…。

　この美しい星団を望遠鏡で楽しむには，倍率を25倍以下の低倍率にしましょう。

写真　　　　　　　山間地　　　　　　　市街地

■散光星雲　M42（オリオン大星雲）

位置：05h35.4m　-05°27′　　視直径：66×60′　　等級：2.9等　　口径：5cm〜　　倍率：20倍〜

　誰でも知っている星座と言えば「オリオン座」．団子3兄弟のように見事に並んだ「三ツ星」と，それをはさむように対角線で輝く赤いベテルギウスと白いリゲル．凍てつくような冬空で凛と輝くオリオン座は，まさしく星座界のスーパースターです．このオリオン座の三ツ星の南にある小三ツ星の中央に鎮座するのが，これまたオリオン座の名を有名にしている大散光星雲M42です．

　肉眼で星雲だとわかり，双眼鏡で全体の形が浮かび上がります．望遠鏡で見ると，まさに暗黒の大空を飛ぶプテラノドンのように見えます．羽を広げた胴体の部分がM42，頭の部分がM43です．M42の中で光る台形を形作っている4つの星をトラペジウムと呼び，まだ生まれたばかりの星たちです．この星雲の中では，他にもたくさんの星が産声をあげています．M42はまさに星のゆりかごなのです．

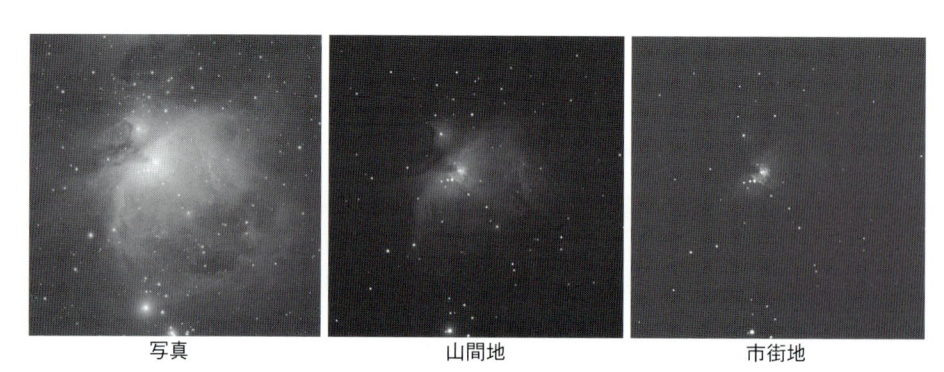

写真　　　　　　　山間地　　　　　　　市街地

■散開星団　M41（おおいぬ座の散開星団）

位置：06h47.0m -20°44′　　視直径：38′　　等級：4.5等　　口径：5cm〜　　倍率：50倍〜

　おおいぬ座は，天の川の西岸に接した星座なので，いくつかの散開星団が埋もれています．そのうちもっとも見栄えのするのが，シリウスの南にあるM41．全天一の輝星シリウスの南4°という見つけやすい位置にあり，肉眼で見えるほど明るいので，7倍以下の双眼鏡やファインダーで既に数個の星が数えられて，散開星団と認識できるほどです．またシリウスと同一視野で見ることができるので，シリウスの強烈な輝きと，M41のやさしい光のコントラストが最高．

　さてM41をよく見ると，オレンジ色の星があることに気が付きます．M41はおよそ100個の星で形成されていますが，その中の最も明るい星10個のスペクトル型を調べてみたところ，オレンジ色の星が4個含まれていることがわかりました．一般的に，青白い色の比較的若い星が集まっている散開星団としては珍しいことです．

写真　　　　　　　　　山間地　　　　　　　　　市街地

望遠鏡のあゆみ〜5

◆反射望遠鏡の復讐〜フーコーの登場

　色収差のない反射望遠鏡の登場は，ロス卿の口径1.8mに代表されるような大反射望遠鏡時代を築きましたが，いくつか問題点を抱えていました．まず，鏡面を作るのが非常に難しいということ，また鏡面精度の検査方法が確立されていなかったことでした．さらに金属鏡は，反射率が40%程度と低いうえ，曇りやさびがでるため，頻繁に磨きなおす必要があり，予備の鏡も用意しなければなりませんでした．おかげで，色消しレンズの登場によって，欠点を克服した屈折望遠鏡に主役の座を奪われていた感がありました．

　ところが，1830年イギリスのドライトンによってガラスに銀メッキをする方法が発明されると，状況は一変するのです．1856年にドイツのリービッヒによってさらに改良されると，スタイハルが口径10cm反射鏡にこの銀メッキ技術を応用しました．これで，反射鏡の反射率は90%と飛躍的に増大し，磨き直す手間や予備の鏡を用意する必要がなくなることになったのです．

　ここで，フランスのレオン・フーコーが登場します．フーコーといえば，「フーコーの振り子」によって，地球の自転を実証したり，光速度を測定したことなどで有名な物理学者ですが，フーコーも銀メッキしたガラス反射鏡に興味を示した一人でした．パリ天文台に勤務していたときに，反射鏡のこれまでの研磨方法に問題ありと見抜いたフーコーは，ガラス鏡の研磨方法を確立するとともに，鏡面精度の検査法であるナイフエッジテスト法（フーコーテスト法）を考案したのです．

　こうして，銀メッキ技術，反射鏡研磨技術，鏡面精度検査方法の確立により，ふたたび大反射望遠鏡時代が始まりました．

フーコーの80cm反射赤道儀

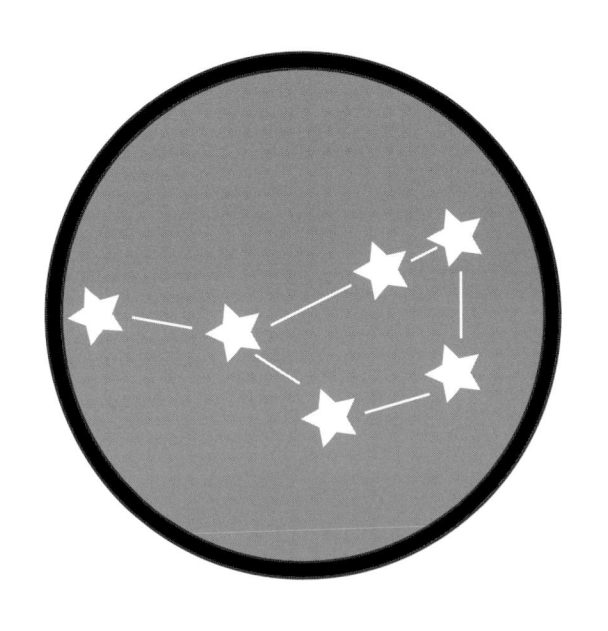

星空の基本

星は動く～日周運動と年周運動

夜空に光る星たちが，時間とともに東から西へと動いてゆくことを「日周運動」，星座が季節とともに移り変わってゆくことを「年周運動」と呼んでいます。これらの星の動きは，地球が自転しながら太陽の周りを公転しているために起こる，見かけの動きです。

■時間とともに星が動く―日周運動

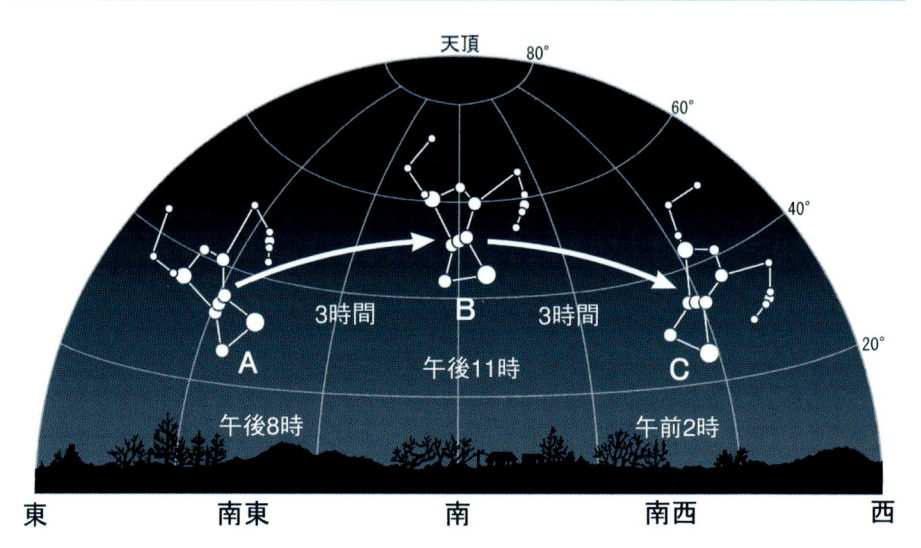

太陽が朝東から昇り，夕方西の地平線に沈んでいくように，例えば真冬の夕方，東の空に昇ったオリオン座は，夜中には南の空に見え，明け方には西に沈んで行きます。星たちも時間とともに東から西へと動いているのです。このような時間経過に伴う星の動きを「日周運動」と呼んでいます。日周運動は，実際は地球が回転軸である地軸を中心に西から東に1日1回転するために起こる現象です。日周運動の回転の中心は，北半球では地軸を北極からさらに北へ伸ばして天球と交わった点です。この点を「天の北極」と呼び，そこから1°弱離れた位置にある2等星を，「北極星」と呼んでいます。

また，日周運動で星が回転する量は，24時間で360°なので，1時間当たり15°（360°÷24時間），1°回転するのにかかる時間は，4分（60分÷15°）となります。

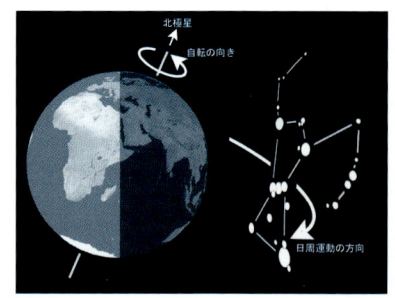

■季節とともに星座が動く—年周運動

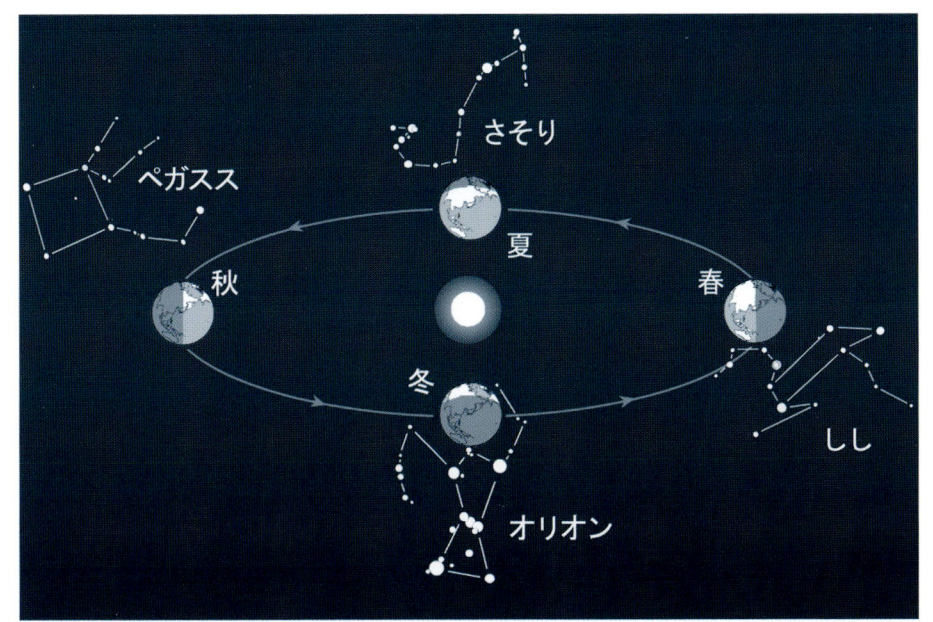

　さそり座は夏の宵空で，オリオン座は冬の宵空で見えるように，同じ時刻に星空を見上げると季節によって見える星座が移り変わって行きます．このような星の動きを，「年周運動」と呼んでいます．年周運動は，私たちが地球という1年かかって太陽のまわりを1周(公転)するメリーゴーランドに乗って，外の景色(星空)を見ていると思えばいいわけです．年周運動によって，1日に星が回転する角度は約1°（360°÷365日＝0.986）です．地球の自転方向と公転方向は同じなので，1日の星が回転する角度は，日周運動で回転する360°と年周運動で回転する1°を足した361°となります．つまり，星空を毎日同じ時刻に見ると，1°ずつ東から西へ回転して行くことになるのです．

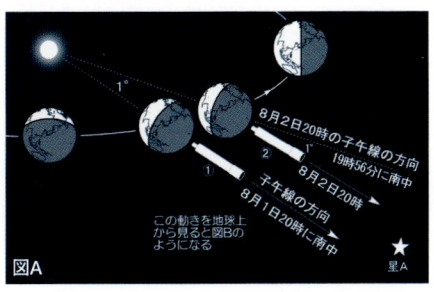

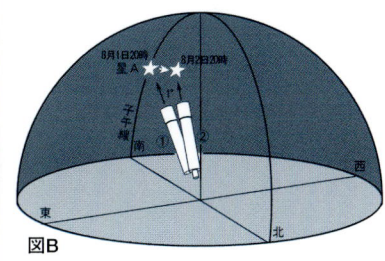

天球とは

　野原に寝転がって星空を眺めてみましょう．きらめく星たちは，まるで丸い大きな天井にはり付いた宝石のように見えてきますね．この大きな丸天井のことを，「天球」と呼んでいます．天球は，星の位置を表したり，星の動きを説明したりするのにとても便利です．

■星は大きな丸天井にはり付いているように見える

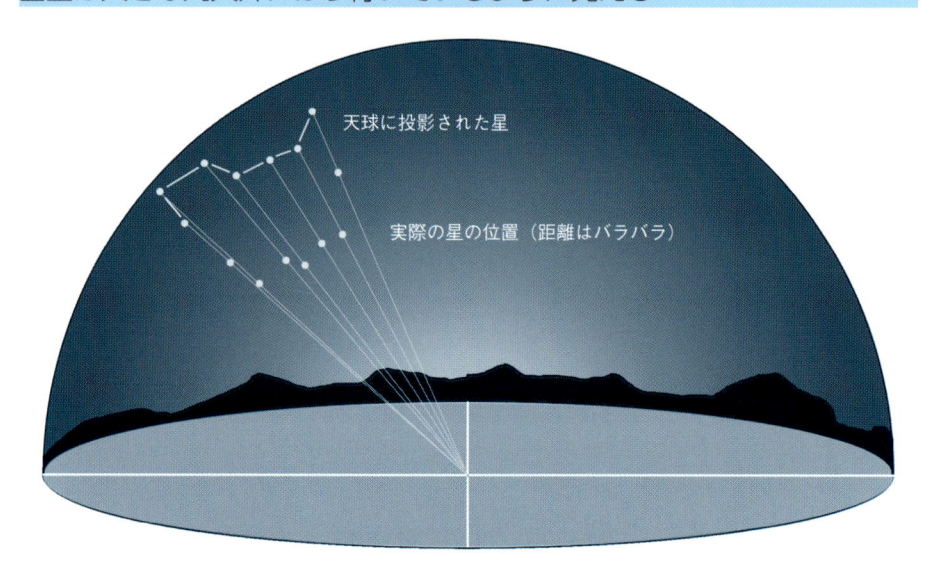

　天球に投影された星

　実際の星の位置（距離はバラバラ）

　地球から星までの距離は，遠い星・近い星があってみんな違いますが，見上げる星は，どれも同じ距離でかがやいているように見えます．これは，星までの距離があまりにも遠くて，人間の目では遠近感を感じないからです．

　ですから大昔の人々は，右の図のように，星は大きな丸い天井にはり付いた宝石のように見えたり，天井にあけられた節穴から洩れてくる光だと考えたのでしょう．

　いずれにしても，天球という概念は，このようにして生まれました．

■地球を取り巻く天球

　私たちがふつうに見上げている丸天井は，地平線から上の半球だけですが，実際には地平線から下にも半球があるのです．つまり，地球を中心とする無限の大きさの球になっていて，そこに星がはり付いていると考えることができます．

　このように仮定された無限の大きさの球を「天球」と呼んでいます．地球に対して，そのまわりを取り巻く天の球という意味です．

天球は，地面の下にも続いている

■天球が回転する

　星が，時間によって東から西に回転するのは，地球が自転しているからですね．また，見える星座が季節とともに，東から西へと巡って行くのは，地球が太陽のまわりを公転しているからに他なりません．

　この独立した運動を別々に捉えると，複雑になってしまいます．そこで天動説的発想で，地球の回転を止めて，天球が東から西へ，1日に日周運動の360°プラス年周運動分の1°合わせて361°回転すると考えると，星の動きはとてもすっきりします．

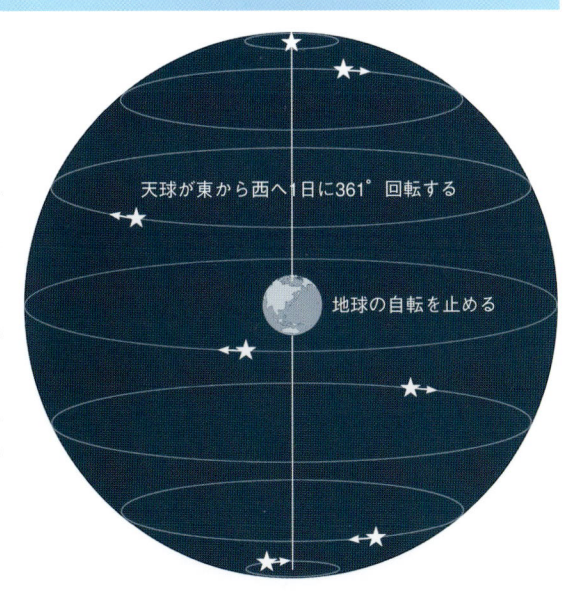

天球が東から西へ1日に361°回転する

地球の自転を止める

地球を中心に，天球が東から西へと回転していると考える

星の位置〜地平座標と赤道座標

地球上の都市などの位置を示す方法に，東西に引いた目盛の経度と，南北に引いた目盛の緯度があります．それと同じように，天球に目盛を付けて，天体の位置を表せるようにしたのが天球座標です．ただ，天球座標にはいくつかの目盛の付け方があります．

■地平線を基準にした「地平座標」

　天球の星の位置を，地平線を基準に方向（方位）と高さ（高度）で表す，最もわかりやすい座標系が「地平座標」．方位は，南を0°として西回りで測り，高度は地平線を0°として天頂に向かって垂直に測るのが一般的です．方位は，北を0°として東回りで測る場合もあります．

　肉眼で星や星座を探すときに便利ですが，観望する時刻や場所によって星の位置が変わってしまうので，絶対的な位置座標として使うことはできません．経緯台式望遠鏡はこの地平座標に沿って動きます．

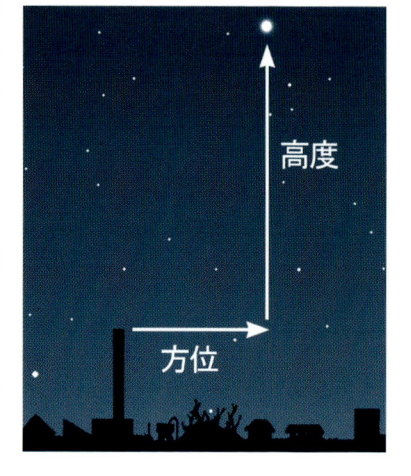

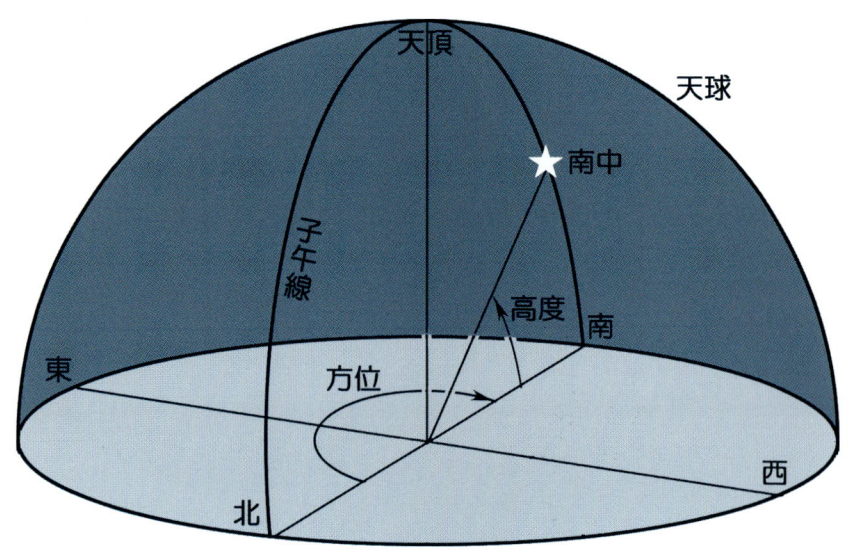

■天球の回転を基準にした「赤道座標」

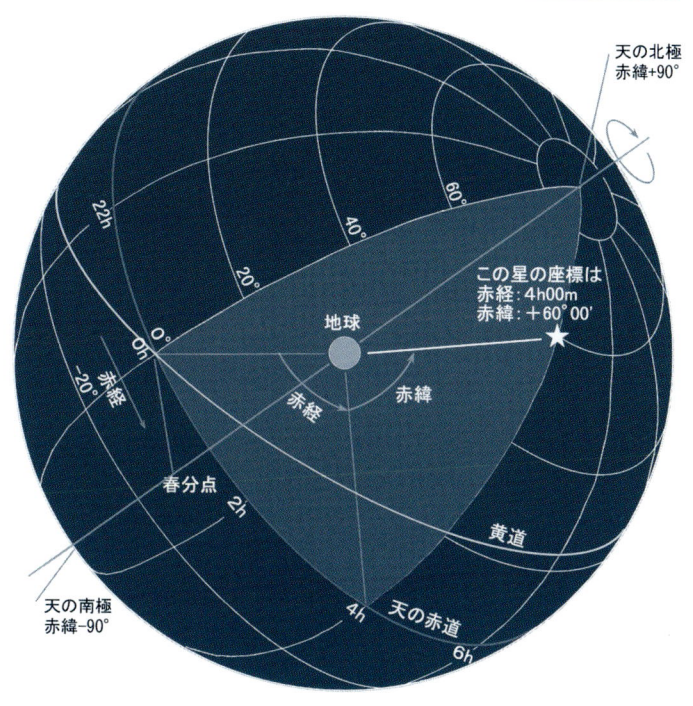

　地球の自転軸である地軸を北に伸ばして天球にぶつかった点を天の北極，反対に南に伸ばしてぶつかった点を天の南極，さらに赤道を天球に映した線を天の赤道という具合に，地球の経度・緯度を天球に投影した座標系が「赤道座標」です．

　地球の経度にあたる東西方向の目盛を赤経(α)と呼び，春分点を0時として東回りで23時まで刻みます．

　緯度にあたる目盛は赤緯(δ)と呼び，天の赤道を0°として，天の北極に向かって$+90°$まで，天の南極に向かって$-90°$まで刻みます．赤経が時間目盛になっているのは，地球が恒星に対して24時間で1回転するためです．時計で1時間過ぎると，天球の赤経目盛も1時間進みます．ちなみに1時間を角度に直すと，15°になります．

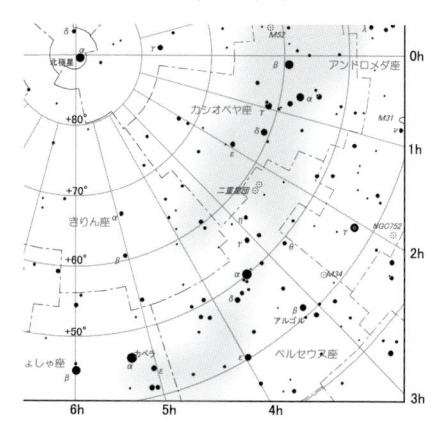

　この座標は，天体とともに天球にはり付いているので，時刻や観望場所が変わっても天体の位置座標値は変わりません．ですから天体の位置を表すときは，ほとんどこの赤道座標を用います．

星はいろいろ

夜空で輝く星は，みんな違います．たとえば色．白色だけではなく，赤い星，黄色い星があります．明るい星や暗い星もあります．また同じように光っていても，惑星と恒星があります．さらに恒星には，明るさが変化するもの，二つ以上の星が接近しているものもあります．

■星の明るさ

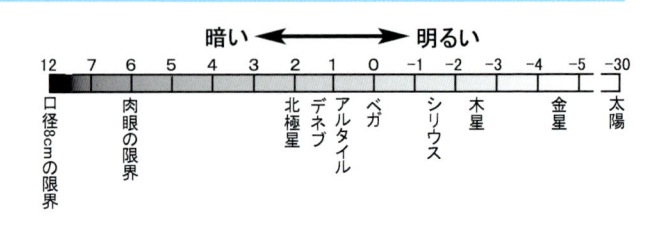

星には，1等星，2等星というように明るさの順番が付けられていますが，星の明るさにランク付けをしたのは，ギリシャの天文学者ヒッパルコスでした．決め方は特に明るい星を1等星，肉眼で見える一番暗い星を6等星として6段階に分けた簡単なもの．19世紀になってジョン・ハーシェルは，1等星と6等星では約100倍の明るさの差があることに気が付きました．すると1等級違うごとに明るさがおよそ2.5倍違うことになるのです．このように基準が決まったことで，1等星より明るい星や，逆に6等星より暗い星の等級も決められるようになりました．また，北極星付近の星の明るさを詳しく調べ，0等星の明るさを決定したところ，こと座のベガ(織姫星)が0.0等星に当てはまることがわかりました．

■星の色

では，星の色は何で決まるのでしょう．まず，太陽の光を反射して光っている惑星の色は，惑星表面の色がほぼその星の色になりますが，恒星の色の違いは，その表面温度に大いに関係があるのです．たとえば，炭に火をつけたとき，ついたばかりのときは赤黒い光を放つのに，空気を送って良く燃えるようにすると黄色い光を放ち，やがて白っぽく輝きます．恒星の見かけ上の色もこれと同じで，表面温度が低い恒星は赤く，高い恒星は青白っぽく見えるというわけなのです．

また恒星のスペクトル型は，表面温度つまり星の色との関わりが大きく，スペクトル型が星の色を表していると言ってもいいほどです．さらに恒星の色は，ある程度その星の年齢も表していて，一般的に赤い星は，年老いた星，青白い星は若い星といえます．

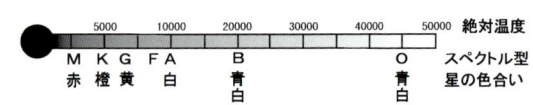

購入後編〜星空の基本

■星空の中を移動する―惑星

惑星とは地球と同じように太陽のまわりを回っている星のことで，全部で8個あり，太陽に近いところから，水星・金星・地球・火星・木星・土星・天王星・海王星の順です．惑星は，他の恒星のように，あまりキラキラまたたきません．また，太陽の通り道である黄道に沿って，星空の中を移動して行きます．

火星の動き

■二つ以上の星が寄り添う―重星

二つの星が接近して，ひとつの星のように見える星を二重星といいます．

・みかけの二重星
距離はまったく違うのに，たまたま二つの星が地球から見ると同じ方向に見える．

・連星
二つの星が，引力で引き合って互いの共通重心を一定の公転周期で回っている二重星．食変光星も連星にあたる．

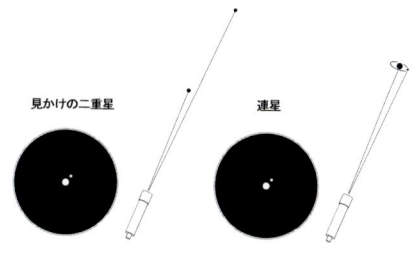

■明るさを変える―変光星

変光星とは，読んで字のごとく，明るさを変える星のこと．変光のメカニズムによって次の2種類に大別されます．

・脈動変光星（長周期変光星）
恒星が老年期に入り，恒星内部からの圧力と，重力による収縮とのバランスが崩れ，膨張収縮をくり返すことにより明るさを変える変光星．変光周期が200日以上と長いものがほとんどなので，長周期変光星とも呼ばれます．

・食変光星
明るい星のまわりを暗い星が回っていると，ときどき暗い星が明るい星の前を通過して食を起こすために，一時的に明るい星が暗くなることにより変光する変光星．変光周期は1日〜10日と比較的短く，周期は正確です．

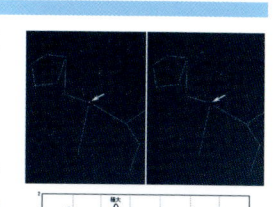

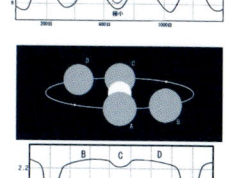

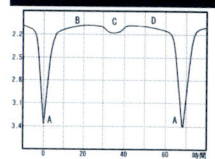

117

星雲・星団のいろいろ

星空には星雲・星団が埋もれています．しかもいろいろな種類のものがあるのです．星の集まりで構成されている星団は，散開星団と球状星団に，ガスのかたまりである星雲は，散光星雲と暗黒星雲と惑星状星雲に分けられます．また，銀河系の外の天体として銀河があります．

■星団

★散開星団

比較的若い星が，数光年から数十光年の範囲にばらばらと集まっている星団．星数は，十数個の小規模のものから，数百個の大規模のものまであり，現在までに1000個以上の散開星団が，銀河平面(天の川)を中心に発見されています．一般的に，若い星の集まりです．代表はプレアデス星団，ヒアデス星団，プレセペ星団など．

M35（ふたご座）

★球状星団

数十光年から数百光年の範囲に，数万個から数百万個の星が，球形に密集している星団．およそ150個の球状星団が，銀河の中心を取り巻くように分布しています．誕生は古く，一部の例外を除いて銀河系の誕生とともに生まれた老年の星の集団だといわれています．代表はケンタウルス座のオメガ星団．その他では，ヘルクレス座のM13やへび座のM5，いて座のM22，ペガスス座のM15が小型望遠鏡で楽しめます．

M13（ヘルクレス座）

■星雲

★散光星雲

銀河系内にあり，光を放つ不規則に広がったガス状の天体．発光星雲(輝線星雲)と反射星雲の2種類に分けられます．発光星雲は星雲中心部にある高温星の紫外線を受けて，星間ガスが電離して水素が放射するHα線を発するため，カラー撮影すると赤く写ります．オリオン大星雲(M42)，干潟星雲(M8)などがその代表．反射星雲は，恒星の光を反射して光っているもので，星雲の色はその恒星の色に近いようです．

M8（いて座）

★暗黒星雲

　天の川や散光星雲の中で，ポッカリと穴が開いたように見える暗黒部分のこと．ここは星がないのではなく，天の川や星雲の手前に密度の濃いガスがあるためです．オリオン座の馬頭星雲が有名．

馬頭星雲（オリオン座）

★惑星状星雲

　望遠鏡で見た形が，円盤状で惑星に似ている星雲．しかし実際は不規則な形をしたものも多いようです．惑星状星雲は，比較的小質量の老年期の星から放出され広がったガスが，中心星が放射する紫外線によって輝いている発光星雲の一種でもあります．おおぐま座のふくろう星雲（M97），こと座のリング星雲（M57），こぎつね座の亜鈴星雲（M27）などがその代表．

M57（こと座）

★超新星爆発の残骸

　また，惑星状星雲と似た形をしているものとして，大質量の星が超新星爆発を起こした後に残る超新星爆発の残骸と言われる星雲状の天体があります．おうし座のかに星雲（M1）が有名．

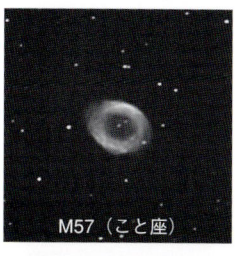

M1（おうし座）

■銀河

　星雲状に見えるとはいっても，今までに登場した天体とは根本的に違う，我々の銀河系の外にある銀河系と同等の天体．銀河の代表は，もちろんアンドロメダ大銀河（M31），それにさんかく座のM33で，これらは双眼鏡でも銀河だと実感できます．

　銀河にはさまざまな形のものがあります．これらを形か

M101（おおぐま座）

ら系統的に分類したのが，アメリカの天文学者ハッブルでした．その分類は，初めは渦巻・楕円・不規則の3種類でしたが，その後細分化されています．楕円銀河はEで，E0からE7まであり，楕円銀河と渦巻銀河との中間的なものはS0です．そして渦巻銀河は，単純な渦巻構造のS型と，棒の両端から渦巻が出る棒渦巻構造のSB型に分かれました．

君の名は？〜星の名前

私たちひとりひとりに名前やニックネームがあるように，夜空に浮かぶ星や星雲・星団にもちゃんと名前が付いています．しかも，いろいろなニックネームや番号が付いているのです．星を見つけるのも，友達を見つけるのも，まず名前を覚えることから．

■いろいろある天体の呼び名

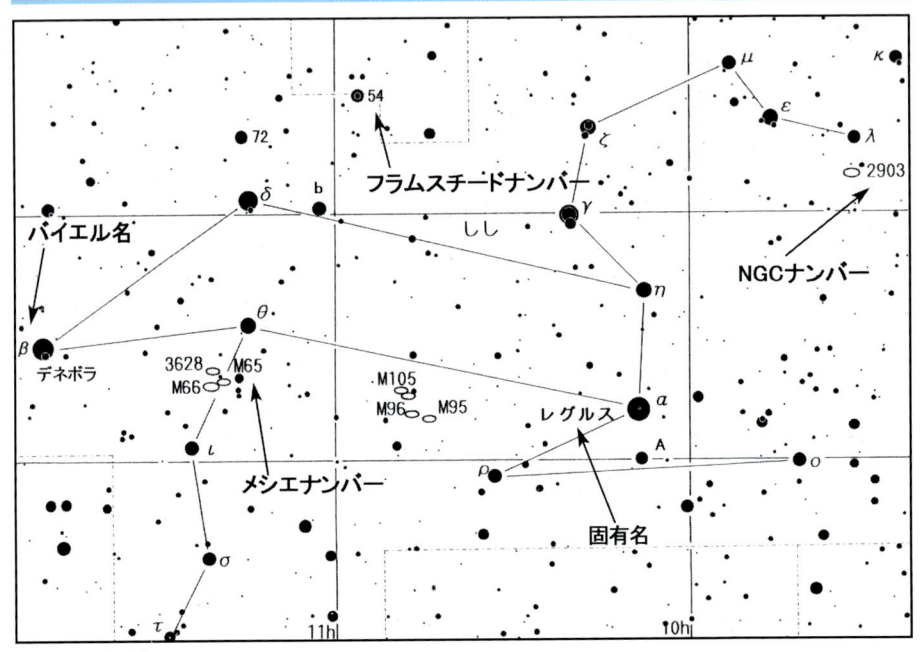

（図：しし座付近の星図。バイエル名、フラムスチードナンバー、NGCナンバー、メシエナンバー、固有名の例を示す）

■星の名前

★固有名
　明るい星や美しい星に古代の人々がつけてくれた名前．アンタレス(ギリシャ語)，アルデバラン（アラビア語），スピカ（ラテン語）といったように，さまざまな言語で数十個の星に付けられています．

★バイエル名
　ドイツの天文学者バイエルが，星座ごとに明るい星の順（例外もある）にギリシャ語のアルファベットを付けています．この呼び方では，アンタレスは"さそり座α星"となります．文字のギリシャ文字も付けてもらえなかった星たちには，今度は英語のアルファベットの小文字（Aだけは大文字）が付きます．

120

★フラムスチード番号

イギリスの天文学者フラムスチードが発表した星表で，恒星につけられた番号．星座ごとに肉眼で見えるすべての星に赤経順で付けられています．現在はバイエル名で表示されていない星に対して使われています．

■星雲・星団の名前
★メシエ（M）

フランスの天文学者メシエが発表した星雲・星団のカタログ．110番まであり，M42という具合に頭にMを付けて表示されます．さそり座の散開星団M7よりも南の天体は，フランスから見えなかったため記載されていません．メシエは，これらの天体を口径8cmくらいの望遠鏡で発見しているため，ほとんどのメシエ天体は小型望遠鏡で観望できます．

★ニュージェネラルカタログ（NGC）

イギリスのウィリアム・ハーシェルが発表したGCカタログを，デンマークの天文学者ドレイヤーが増補改訂して発表した星雲・星団カタログ．7840番までの番号が付けられています．現在出版されているのは1974年にアリゾナ大学で改訂された，Revised NGC．また最近は2000年分点のNGC2000もあります．アンドロメダ銀河はM31であり，NGC224というように，メシエカタログと重複しています．星図には番号だけが示されている場合が多いようです．望遠鏡で楽しめる天体がかなりあります．

アンドロメダ銀河＝M31＝NGC224

★インデックスカタログ（IC）

ドレイヤーは，NGCカタログの追加として，インデックスカタログ(IC)を1895年から1908年にかけて発表しました．このカタログには，5386番までの星雲・星団が収録されています．星図上で頭にIが付いた番号の天体です．

★その他のカタログ

散開星団には，Mel（メロッテ），Cr（コリンダー），Tr（トランプラー），St（ストック）が頭に付いたものがあります．散光星雲では，シャープレスのHⅡ領域のカタログSh2があります．

望遠鏡のあゆみ～6

◆近代巨大望遠鏡建設の先駆者～ヘールの尽力

　天文好きな少年だったアメリカのジョージ・エラリー・ヘールは，17歳で分光器を自作し，スペクトルに魅了され，分光学にのめりこんでいきました．そして，これからの天文学は，スペクトル解析と写真技術だと悟り，そのためにはより大きな望遠鏡の必要性を感じるようになっていたのです．このときからヘールの心には，大型望遠鏡を備えた本格的な天文台建設計画の構想が広がってゆきました．

　その第1歩である，当時世界1の口径100cmの屈折望遠鏡を備えたヤーキス天文台が完成したのは，1897年のことでした．

　ヘールが次に考えたのは，もっと大きな反射望遠鏡の構想でした．口径1m以上の屈折望遠鏡は実用的ではないと判断したためだったのです．建設費は，カーネギー財団から寄付を受け，1908年カリフォルニア州のウィルソン山に口径150cm反射望遠鏡を，1917年には250cmの反射望遠鏡を設置しました．

　その後ヘールは健康を害していたにもかかわらず，1928年「大型望遠鏡の可能性」という論文を書き，ロックフェラー財団の資金援助を受けて望遠鏡の口径は508cmと決定し建設が始まりました．ところがヘールは，望遠鏡の完成を見ないまま1938年2月に世を去ってしまったのです．主を失った世界最大の反射望遠鏡は，第二次世界大戦を乗り越え，10年後の1948年6月カリフォルニア州パロマ山に完成しました．この天文台は「ヘール天文台」と命名され，天文学の発展に寄与したジョージ・エラリー・ヘールを称えました．

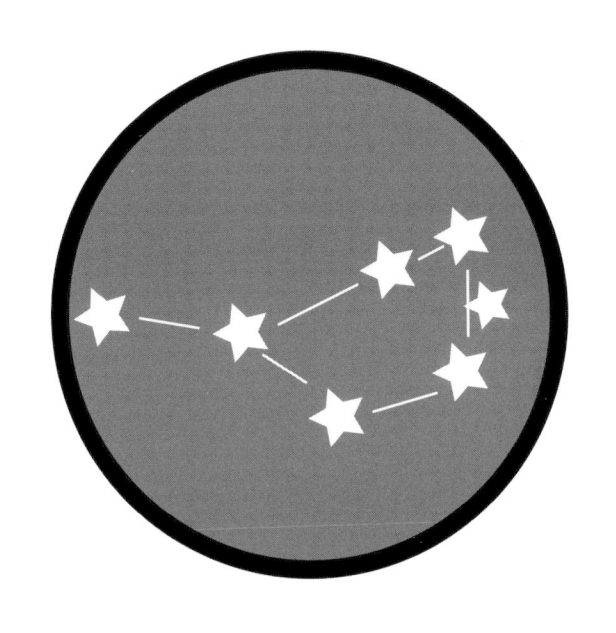

望遠鏡の基本

望遠鏡の原理

現在，私たちが手に入れることができる天体望遠鏡のほとんどは，ヨハネス・ケプラーが考案した，ケプラー式が原点です．では，どうして望遠鏡は，遠くのものを大きく見ることができるのでしょう．そして，望遠鏡の性能はどのようにして決まるのでしょう．

■ケプラー式望遠鏡の原理

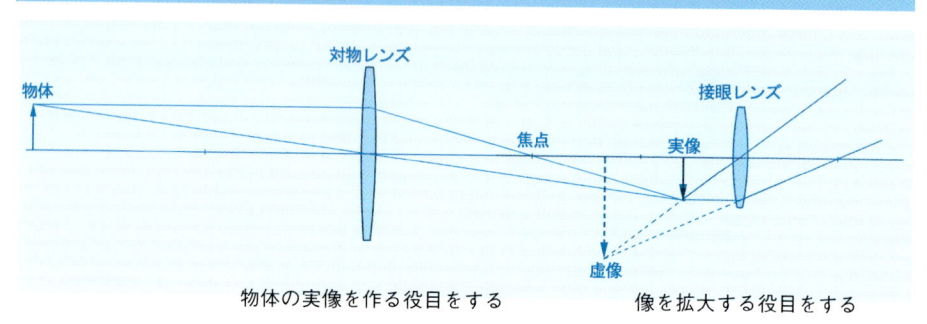

物体の実像を作る役目をする　　　像を拡大する役目をする

　ここで，ケプラー式屈折望遠鏡の原理を簡単に説明しておきましょう．ケプラー式は2枚の凸レンズを使います．まず対物レンズには焦点距離の長い凸レンズを使い，遠方にある物体の実像を焦点付近に結ばせる役目をします．これはカメラや映写機が画像を結ぶのと同じ原理です．そして接眼レンズには，焦点距離の短い凸レンズを使い，対物レンズによってできた実像を拡大する役目をするのです．つまり虫眼鏡だと考えればいいわけですね．ただし対物レンズでできた像は，上下左右反対の倒立像になるので，これを接眼レンズで拡大して見る像は，やはり上下左右ひっくり返った倒立像のままなのです．

　この原理は反射望遠鏡も同じです．反射望遠鏡の場合は，対物レンズの代わりに凹面鏡が，光線を反射して内側に曲げることにより，凸レンズと同じように焦点を結んで実像を作るのです．

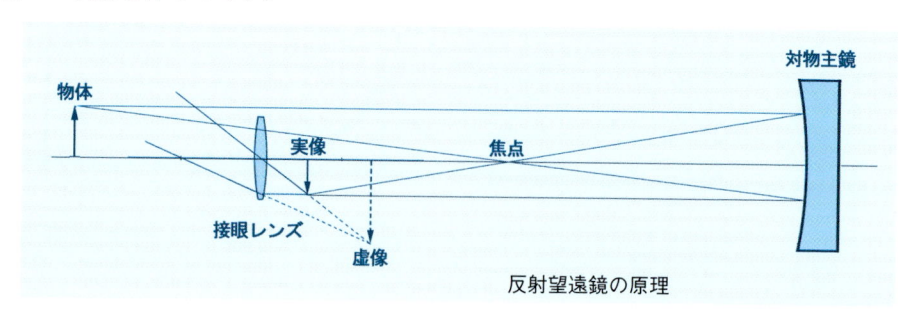

反射望遠鏡の原理

■望遠鏡の性能を決める3要素

　良い性能の望遠鏡とは，倍率を上げても像がシャープでクリアーに見える望遠鏡であると言えます．言い換えれば，対物レンズによってできる実像が解像度が高くコントラストがあり，十分な明るさがなければならないということなのです．この条件を満たすには，とりもなおさず対物レンズの口径が大きくなければならないということです．

　一般的に望遠鏡の性能は，次の3つの要素で表されます．

★分解能（ぶんかいのう）

　どれぐらい細かいところまで見ることができるかを示す．同じ明るさの2つの星が2つに見えるギリギリの距離を角度で表したもので，一般的には火星観測者のドーズが経験的に求めた次の式で計算され，単位は1°の1/3600の秒で表される．

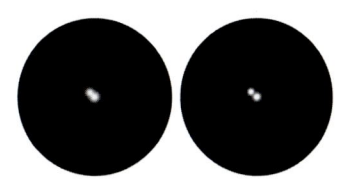

分解能＝116″÷有効口径

数字が小さいほど，細かいところまで見えることになる．

★極限等級（きょくげんとうきゅう）

　望遠鏡で何等星まで見えるかを示す．ただし，瞳径が7mmの人が6等星まで見える場合という条件付きだ．6等星まで見えない都会地では，もちろん極限等級まで見ることはできない．極限等級は次の式で計算することができる．

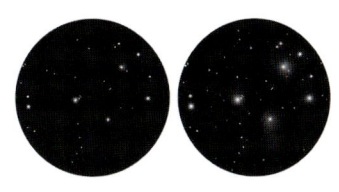

極限等級＝5log有効口径＋1.774

数字が大きいほど暗い星まで見ることができる．

★集光力（しゅうこうりょく）

　瞳径7mmの人が集めることができる光を1として，望遠鏡がそれに対して何倍の光を集めるかを示す．集光力は対物レンズと瞳径の面積比で表されるので，次の式で計算することができる．

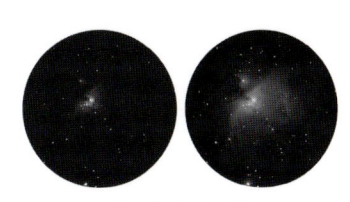

集光力＝有効口径^2÷7^2

数字が大きいほど，たくさんの光を集めることができる．

望遠鏡の実際の性能

望遠鏡の性能は，基本的には対物レンズなり反射鏡(主鏡)の口径で決まります．ところが実際は，対物レンズや反射鏡の特性や，対物レンズや反射鏡の出来の善し悪しにもかかわってきます．性能の良い対物レンズ(主鏡)とは，どんなレンズ(鏡)なのでしょう．

■レンズの宿命

対物レンズが完璧な実像を結んでくれるのなら何も問題はないのですが，現実はそんなに簡単ではないのです．表面が球面のガラスの塊であるレンズの中を光が通過することにより，さまざまな悪影響がおそってくるのです．このようなレンズや反射鏡によって生ずる理想像からのずれのことを収差と呼んでいます．とくに球面収差・コマ収差・非点収差・像面湾曲・歪曲収差を「ザイデルの5収差」といいます．このほかに，波長(色)の違いによって焦点を結ぶ位置がずれる色収差があります．

シャープな像を必要とする天体望遠鏡では，この色収差によるぼけを取り除くために，対物レンズは屈折率の異なる2～3枚の凸レンズと凹レンズを組み合わせてあるのが普通です．これを色消しレンズと呼んでいますが，もちろん像がモノクロになるというわけではありません．色消しレンズには次の種類があります．

●アクロマート

対物レンズのレンズ構成の名称．凸レンズにクラウンガラス，凹レンズにフリントガラスなど異なった性質のレンズを重ねて使い，ある波長について球面収差とコマ収差が補正され，2色に対して色収差が補正されている対物レンズ．基本的に普及型の屈折望遠鏡には，アクロマートレンズが採用されています．

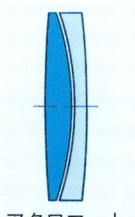

アクロマート

●アポクロマート

対物レンズのレンズ構成の名称．性質の異なったレンズを重ねて使い，3色以上に対して色収差を補正してあり，そのうちの2色について球面収差もコマ収差も補正してある対物レンズ．設計によって2枚構成，3枚構成のものがあります．近年はフローライト(蛍石)やEDガラス・SDガラスなど，アポクロマートレンズを作るのに適したガラス材が人工的に生産できるようになったため，中級機以上に多く採用されています．このほかに，色収差の補正がアクロマートとアポクロマートの中間程度のレンズとして，セミアポクロマートもあります．

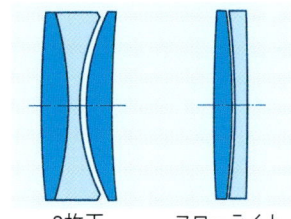

3枚玉アポクロマート　フローライトアポクロマート

■反射望遠鏡

　反射望遠鏡に使われる対物鏡(主鏡)は，小口径では青板ガラス，それ以上では熱膨張率の低いパイレックスガラスなどの円盤の表面を精密に研磨し，そこにアルミ蒸着（メッキのようなもの）し，さらに蒸着面の劣化を防いだり，反射率を上げるためのコーティングを施したものを使用します．

　ただし，凹面鏡1枚だけで反射望遠鏡を構成するのは無理があるため，凹面鏡で反射した光を，小さな鏡でもう一度反射させて，光を筒の外に引き出し，接眼レンズで拡大するという構造になっています．凹面鏡のことを主鏡，小さい鏡のことを副鏡(第2鏡)といいます．反射望遠鏡では副鏡が主鏡に届く光をさえぎるため，その分実口径が小さくなることと，副鏡径にもよりますが像が若干悪化するという難点があります．副鏡の位置や形状・役割によって，主に次の2種類に分けられます．

●ニュートン式

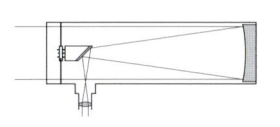

　最もポピュラーな形式で，主鏡の表面は，平行光線が一点に集まるように精密な放物面に磨かれ，そこで反射された光は，筒の上方に45°に傾けて取付けてある平面に磨かれた副鏡（斜鏡ともいう）によって直角に曲げられ，筒の外で焦点を結びます．つまり横から覗くことになるのです．ニュートン式の最大の特徴は，中心像があらゆる光学系の中で最もシャープであることです．しかし視野の周辺像は，コマ収差のため放射状に伸びてしまうという欠点があります．コマ収差は，口径比（主鏡の焦点距離÷口径）がF8以上なら目立ちませんが，F5以下になると急激に像が悪くなります．

●カセグレン式

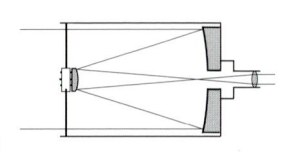

　口径20cm以上の比較的大口径の望遠鏡に採用されることが多い型式です．主鏡に中央に穴をあけた放物面鏡を用い，副鏡には凸の双曲面鏡を使います．副鏡で反射した光は，焦点距離を伸ばし，主鏡の方へ戻り，主鏡中央の穴から筒の外に出て焦点を結びます．カセグレン式の最大の特徴は，筒の長さが焦点距離の約1/3で済むため，非常にコンパクトにできること．欠点は副鏡の直径が大きめになることと，副鏡の研磨が難しいことです．

　最近は，カセグレン式の変形タイプとして，主鏡に楕円面，副鏡に研磨しやすい凸球面を用いた，ドール・カーカム式が登場しています．

接眼レンズの世界

天体望遠鏡の接眼レンズは、凸レンズでできているのですが、実際は性能を良くするために、最低2枚、多いものでは6枚以上ものレンズを組み合わせてあります。また、同じ倍率でもより広い視野が見られるようにした広角接眼レンズもあります。

■見かけ視界と実視界

接眼レンズを望遠鏡に取り付けないで、明るい方に向けて目を近づけて覗いたとき見える丸い範囲を見かけ視界といいます。普通の接眼レンズで50°前後、60°～80°のものを広角接眼レンズと呼んでいます。最近では見かけ視界が100°を超えるような超広角接眼レンズも登場しています。

また、望遠鏡に接眼レンズを取り付けたときに、実際に見えている範囲を実視界といいます。基本的に倍率が高くなるほど実視界は狭くなるのです。接眼レンズの見かけ視界から、おおよその実視界を次の式で求めることができます。

実視界＝見かけ視界÷倍率

倍率が同じになる接眼レンズ（焦点距離が同じ接眼レンズ）の場合、見かけ視界の広い接眼レンズの方が広い範囲を見ることができることになります。例えば、倍率が同じ50倍であったら、見かけ視界50°の接眼レンズでは1°の実視界。見かけ視界65°の接眼レンズでは1.3°の実視界に広がるわけです。また、見かけ視界の広い接眼レンズは、より高倍率で同じ実視界を得ることができることになります。例えば、見かけ視界65°の接眼レンズでは、65倍の倍率で実視界1°の範囲を確保できることになります。つまり、広角接眼レンズほど、迫力のある像が楽しめるというわけですね。

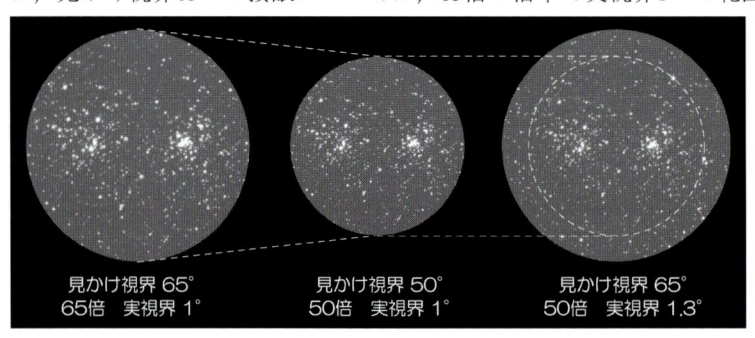

見かけ視界 65°　65倍　実視界 1°
見かけ視界 50°　50倍　実視界 1°
見かけ視界 65°　50倍　実視界 1.3°

資料編〜望遠鏡の基本

■接眼レンズの種類

　接眼レンズの望遠鏡への取り付けは，ごく一部のねじ込み式を除いて，差し込み式がほとんど．差し込み式の取り付けスリーブ径は規格が決められていて，24.5mm(ドイツサイズ)，31.7mm(アメリカンサイズ)，50.8mm(2インチサイズ)となっています．最近は，31.7mmのアメリカンサイズの接眼レンズが主流となってきました．

　接眼レンズは2枚以上のレンズを組み合わせて，全体として凸レンズになるように設計されています．その組み合わせによっていろいろな種類があるのです．

●HM（ミッテンゼーハイゲンス）

　2枚の凸レンズでできています．視野レンズをメニスカスタイプにして，見かけ視界を45°程度まで確保してあります．レンズどうしを貼り合わせていないので，安心して太陽観望に使用できます．24.5mmサイズが主流です．

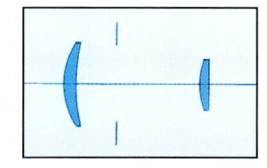

● K（ケルナー）

　2群3枚のレンズで構成され，色収差がよく補正されています．見かけ視界は50°前後で，準広角接眼レンズと言えます．主に低倍率用〜中倍率用の焦点距離の長めのものが中心です．

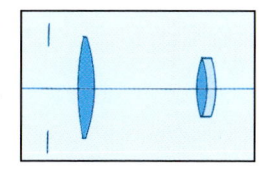

●Or（オルソスコピック）

　2群4枚のレンズで構成され，視野レンズは3枚貼り合わせてあります．オルソスコピックとは「整像」という意味で，像の歪みも色収差もよく補正された高級接眼レンズです．見かけ視界は45°前後で，高倍率向きです．

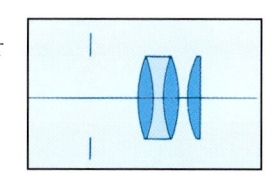

●PL（プローセル）

　2群4枚のレンズで構成され，2枚貼り合わせ式の凸レンズが対称系に配されています．プローセル型のオルソスコピックともいいます．短焦点から長焦点までオールマイティーの接眼レンズで，見かけ視界は50°前後です．

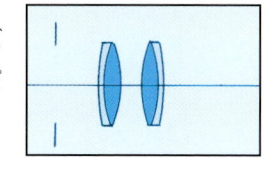

　このほか広角タイプにはEr（エルフレ）や，各メーカーオリジナルの光学系など，さまざまなタイプがあります．

赤道儀は面倒だが便利

経緯台は，望遠鏡を上下左右に動かすことができるわかりやすい架台．一方赤道儀は，一つの軸の回転だけで星を追いかけることができる架台です．でも，ちゃんと据え付けないと使えません．どうして赤道儀は，星を追いかけることができるのでしょう．

■赤道儀とは

　直交している二軸の一つを天の北極に向けてセットすることで，日周運動と全く同じ動きをする架台．天の北極に向いている軸を極軸（きょくじく）または赤経軸（せっけいじく）といい，それに直交している軸を赤緯軸（せきいじく）と呼んでいます．両軸は，天球に引かれた赤経線・赤緯線に沿って回転するので，星の追尾は極軸（赤経軸）の回転だけで可能なことはもちろん，天体の赤経・赤緯がわかれば，両軸に付いている目盛環を使ってその天体を捉えることもできるのです．また長時間露出が必要な天体写真撮影には必要不可欠な架台です．赤道儀にはいろいろな形式のものがありますが，小型機では次の二つが代表的です．

●ドイツ式赤道儀

　屈折から反射まであらゆる鏡筒を載せることができる，最もポピュラーな赤道儀架台．極軸の先に赤緯軸が付いて，その赤緯軸の片側に鏡筒が載り，もう片側には，極軸を支点として鏡筒とバランスをとるためのバランスウエイトが付いています．天体が子午線を通過する前後に，鏡筒が三脚やピラー脚にぶつかってしまうので，そのときは鏡筒を極軸の東側へ反転させる必要があります．

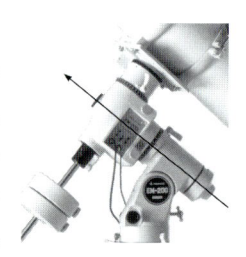

●フォーク式赤道儀

　極軸の先端をフォークのように二股にして，その間に鏡筒をはさみこんだような形をしています．フォーク式経緯台の水平回転軸を傾けることで簡単に赤道儀に変身できること，ドイツ式のようなバランスウエイトが不要なこと，子午線の通過に関係なく，東から西までどこにもぶつかることなく回すことができるというメリットがあります．ただし，鏡筒の長さが長い屈折や反射には強度・安定度が不足するため，鏡筒長が短いカセグレンタイプの鏡筒との相性が良い架台です．

■赤道儀が星を追いかけられるわけ

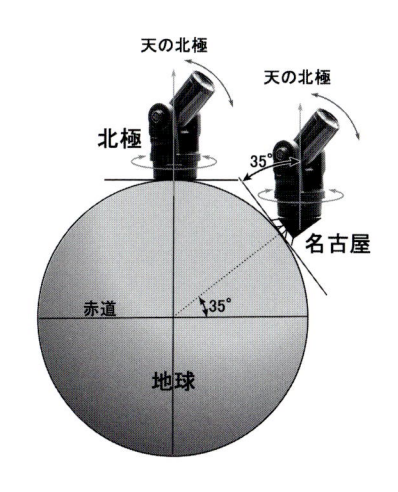

　赤道儀が一軸の回転だけで星を追尾することができるのは，極軸を地軸の延長線上にある天の北極に向けるところに意味があるのです．星は天の北極を中心に，東から西に回転しているので，その回転中心に向けた極軸を中心に，望遠鏡も東から西に回せば星の動きと同じになるわけです．

　もし北極点で赤道儀を使うとしたら，極軸はどこに向ければいいでしょう．天の北極は北極点の延長線上にあるので，天頂にある天の北極を中心に星が東から西に回るのですから，すべての星は，水平に回転することになります．つまり昇る星も沈む星もないってことです．ここでは極軸は天頂に合わせればいいわけだから，赤経方向の回転は水平回転，赤緯方向の回転は上下回転ということになります．つまり経緯台でいいのです．あとはこのまま日本まで南下してゆくとどうなるか．南下した角度分だけ天の北極の高度も下がるので，下がった分だけ極軸の角度も下げればいいことになります．つまり，赤道儀は経緯台の左右回転軸が天頂ではなくて，観測地の緯度分傾いていると思えばいいわけです．

■極軸の合わせ方

　赤道儀を活用するためには，極軸を天の北極方向に向けてセットする必要があります．観望だけなら，望遠鏡と極軸を平行にして，ファインダーに北極星を入れるだけでも十分ですが，写真撮影をする場合は，もっと正確に合わせなければなりません．これが結構面倒な作業なのですが，最近の赤道儀の多くは，極軸望遠鏡と呼ばれる小型望遠鏡が極軸内に組み込まれていて，それを覗きながら所定の位置に北極星を合わせるだけで，正確にセッティングすることができるようになりました．

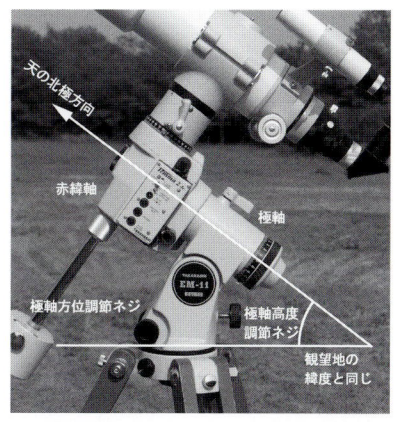

赤道儀のセッティングは，極軸に内蔵された小型望遠鏡を覗きながら正確に行う．

✦ 新兵器―自動導入望遠鏡

天体望遠鏡も、見たい天体を自動的に捉えてしまう自動導入タイプの望遠鏡が多くなってきました．これなら専門的な知識や見たい天体の位置を知らなくても，望遠鏡をうまく操れなくても，操作の手順さえマスターすれば，望遠鏡が自動的に見たい天体に誘ってくれます．

■天体観望の強い味方―自動導入望遠鏡

　星が好きになると、まず欲しくなるのが天体望遠鏡．天体望遠鏡を手足のように自由に操って，月や惑星，星雲・星団を次々に見たいと夢が広がるのはみな同じ．ところが現実はそんなに甘くはありません．そこに見えている月でさえ，簡単には捉えられないのです．なぜなら，望遠鏡を覗いたときに見える範囲は想像以上に狭いから．たとえば，望遠鏡としては低い倍率と

自動導入経緯台スカイポッド（ビクセン）

される40倍から50倍でも、見える範囲(実視野)は角度で1度しかありません．それでも何とか月は捉えられたとしても、惑星となると何がどこに見えるのかわからないのです．星雲・星団ともなると大部分の対象は肉眼では見えないのでもうお手上げ．結局、天体望遠鏡を手に入れた数多くの人々は挫折感を味わうのです．

　そんなときに強い味方になってくれるのが、自動導入望遠鏡．見たい天体を望遠鏡が自動的に捉えてくれるのだから、それは頼もしい限りです．しかも操作はコンピューターが苦手だという人でも大丈夫なほど簡単．ハンドコントローラーの表示パネルに表示されるメッセージにしたがって、いくつかの設定を完了すれば、自動導入スタンバイ．あとは見てみたい天体名、たとえば「土星」「M8」というようにコントローラーのキーを操作して表示し、導入キーを押してやれば、軽快なモーター音とともに望遠鏡が動き出し、目標天体にぴたりと合わせてくれるのです．もし、今どんな天体が見えるのかがわからないときでも、今夜のおすすめ天体メニューから選べるので、まったく心配することはありません．

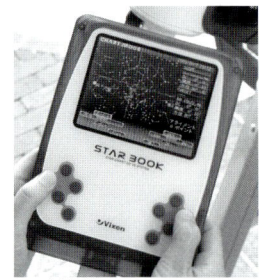

SX赤道儀のコントローラー

■自動導入の約束事

ただし，自動導入とはいっても望遠鏡を組み立てたらすぐ自動導入OKかというと，残念ながら小型望遠鏡の場合はそこまで進んではいないのです．使う人が必要最低限の情報を望遠鏡の自動導入システムに与えてやる必要があるのです．これを初期設定およびアライメントといいます．

●初期設定

日付・時刻・観測地の緯度・経度の入力をします．システムはこの情報により地方恒星時を計算し，今どんな天体が地平線上に出ているかを判断するのです．また太陽系天体の位置計算も行います．なお，日付・時刻・緯度・経度は，一度入力すれば，導入システムのバッテリーバックアップ機能により記憶して，2回目以降は入力する必要がない機種がほとんどです．緯度・経度は観測地が変れば入力し直す必要があります．

赤道儀タイプの自動導入システム

●アライメント

システムは，起動時には望遠鏡がどこを向いているか全くわかりません．そこでシステムに望遠鏡の向きを教える必要があるのです．一般的には，まず自分自身がよくわかっている明るい恒星(基準星)を自力で望遠鏡の視野の中心に捉え，導入システムに今どの星を見ているかを教えるのです．つまり，実際に望遠鏡が向いている方向をシステムに把握させるというわけ．これで，目標天体の自動導入が可能となるのです．

■パソコンとの接続

自動導入望遠鏡は，付属のハンドコントローラーだけでなく，専用ケーブルを使ってパソコンと接続することにより，パソコンにインストールした専用ソフトやプラネタリウムソフトから，自動導入を楽しむことができます．パソコンからの自動導入は，大画面に表示された星図や画像などのたくさんの情報を見ながら行えるので，楽しさがぐんと広がります．

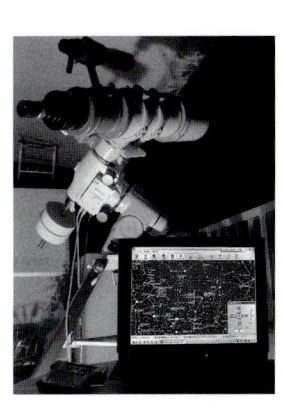

初心者向け天体望遠鏡カタログ

　自動導入望遠鏡もいいけれど，天体望遠鏡を使う楽しさは，自分の手で望遠鏡を操作して，目標天体を捉えることにあると思います．このページでは，初めて選ぶ望遠鏡として適したものをいくつかピックアップしてみましょう．

■経緯台

★ラプトル50（スコープテック）　　税別価格：10,000円（2017年6月現在）

ラプトル50は，1万円という低価格ながら，基本性能をしっかり押さえた天体望遠鏡．微動装置やファインダーは付いていないが，予算はないけれどとにかく天体望遠鏡が欲しいという人にお勧めの1台．

対物レンズ：アクロマート　　　　　口　径：50mm
焦点距離：600mm　　　　　　　　　口径比：F12
ファインダー：照準タイプ
付　属　品：K20mm（30倍），F12.5mm（48倍），
　　　　　　F8mm（75倍），天頂ミラー
架　　　台：フリーストップ式経緯台
重　　　量：1.8kg

★SE-GT70A（ケンコー）　　税別価格：99,000円（2017年6月現在）

SE-GT70Aは，手動望遠鏡ではなく自動導入望遠鏡が欲しいという方にお勧めの1台．口径70mmの屈折式で，卓上タイプではないので，操作性はよさそう．初期設定とアライメントさえできれば，肉眼で見えない星雲や星団を自動でとらえてくれる．

対物レンズ：アクロマート　　　　　口　径：70mm
焦点距離：700mm　　　　　　　　　口径比：F10
ファインダー：6倍24mm
付属品：PL20mm（35倍），PL10mm（70倍），
　　　　天頂ミラー
架台：自動導入式経緯台
重量：4.6kg

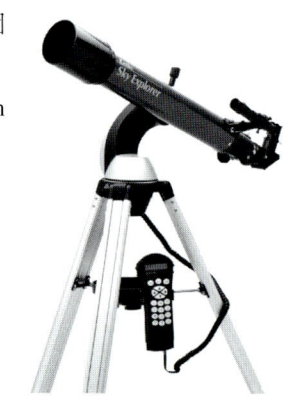

資料編〜望遠鏡の基本

★ポルタⅡ A80Mf（ビクセン）　　税別価格：55,000円　（2017年6月現在）

本書で紹介したミニポルタの兄貴分にあたる．外見はそっくりだが，架台は一回り大きく，その分強度と精度がぐっと増している．価格的にはミニポルタの1.5倍だが，もし予算が許すなら，文句なしにポルタⅡをお勧めする．

対物レンズ：アクロマート　　　　　口　径：80mm
焦点距離：910mm　　　　　　　　　口径比：F11.4
ファインダー：6倍30mm
付　属　品：PL20mm（46倍），PL6.3mm（144倍），
　　　　　　天頂プリズム
架　　　台：上下左右微動付き経緯台　重　量：9.0kg

■赤道儀

★BORG36ED天体フルセット（トミーテック）　税別価格：94,000円（2017年6月現在）

手のひらに乗ってしまうほどの小さなコ・ボーグ36ED．しかし，性能は侮れない．月のクレーターはもちろん土星のリングも見える本格的天体望遠鏡．架台も微動付きのしっかりしたもの．水平軸を傾けることにより，赤道儀としても使えるようになっている．

対物レンズ：EDアポクロマート　　　口　径：36mm
焦点距離：200mm　　　　　　　　　口径比：5.6
付属品：UW20mm（10倍），UW9mm（22倍），正立天頂プリズム
架　　　台：微動付き片持ちフォーク赤道儀兼経緯台＋ミニ三脚
重　量：2.3kg

★AP-A80Mf（ビクセン）　税別価格：129,000円（2017年6月現在）

赤道儀式天体望遠鏡のベーシックモデル．ポルタⅡ経緯台同様フリーストップ式を採用しているが，オプションのクランプやモータードライブなどで，いろいろなアップグレードが可能．

対物レンズ：アクロマート　　　　　口　径：80mm
焦点距離：910mm　　　　　　　　　口径比：11.4
付属品：PL20mm（46倍），PL6.3mm（144倍），天頂プリズム
架　　　台：微動付きドイツ式赤道儀＋三脚　　重　量：10.9kg

望遠鏡のあゆみ〜7

◆すばる望遠鏡の誕生

　1999年，日本はハワイ・マウナケア山頂に，口径8.2mという1枚の鏡を用いた望遠鏡としては世界一の望遠鏡を完成させました．

　「すばる」製作にあたっての最大の難問は，「直径8.2メートルもある大きな鏡をいかに歪なく支えて制御するか」ということでした．これまでの常識では，鏡の重さや精度の関係で，1枚の鏡で作ることができる口径は5m〜6mが限界とされてきました．また鏡の厚さは，直径の数分の一程度の厚みが必要だとされており，8.2メートルの鏡を作った場合，重さが百数十トンにもなってしまうことになるのです．

　そこで「すばる」の主鏡は，最新の工学技術を駆使し，驚異的な薄さと軽さを実現したのです．まずガラス材は，温度変化に強い特殊なガラスを使い，厚さ20センチ・重さ23トンとしました．ところがこの薄さの鏡では，望遠鏡を動かすたびに鏡自身の重みで変形してしまいます．そこで巨大な鏡を裏から261本の腕（アクチュエーター）で支える最先端の技術が開発されたのです．それは，鏡を支える261本の腕を可動式にし，それぞれの腕にかかる重さを常時コンピューターで解析し，鏡面にゆがみが生じれば微妙に修正するような仕組みでした．これにより，鏡の誤差は0.1ミクロン（1万分の1ミリ）以下に抑えることが可能になったのです．

　世界最大の光学望遠鏡を実用化できた背景には，鏡だけではなく，鏡を支える部分にも最新技術を取り入れるという，技術者たちの並々ならぬ努力があったからこそ実現できたのです．

巨大な鏡を支えるアクチュエーター

天体の資料

月面図

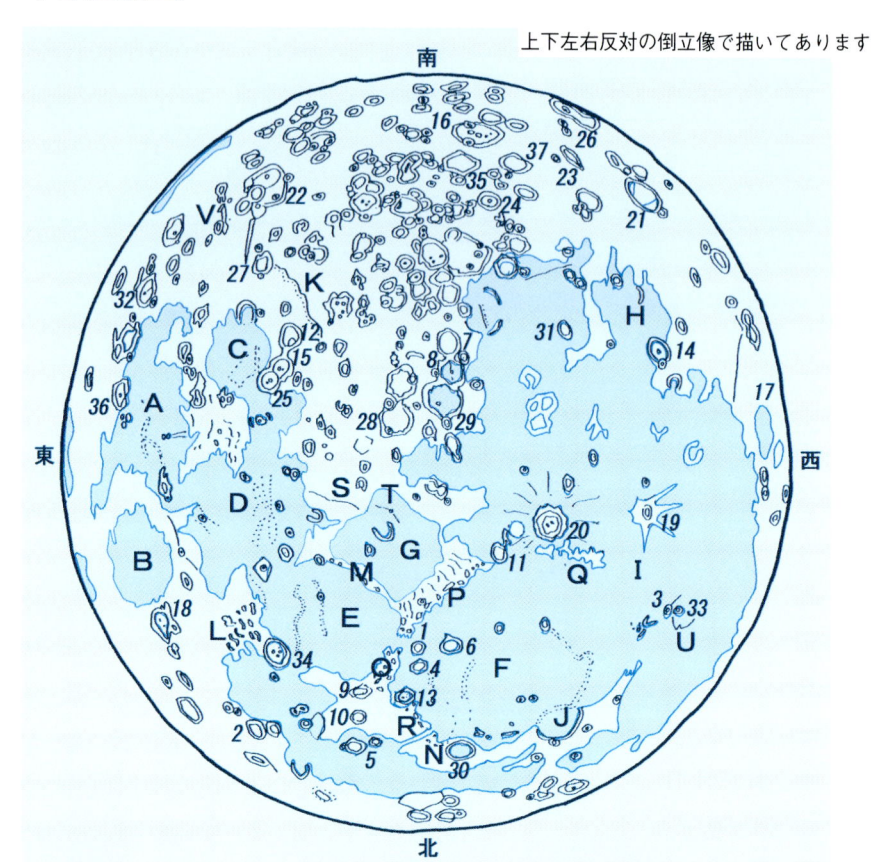

上下左右反対の倒立像で描いてあります

A．豊かの海
B．危機の海
C．神酒の海
D．静かの海
E．晴れの海
F．雨の海
G．中央の入り江
H．湿りの海
I．嵐の大洋
J．虹の入り江
K．アルタイの崖
L．タウルス山脈
M．ヘームス山脈
N．アルプス山脈
O．コーカサス山脈
P．アペニン山脈
Q．カルパチア山脈
R．アルプス谷
S．アリアディウス谷
T．ヒギヌス谷
U．シュレーター谷
V．レイタ谷

1．アウトリクス
2．アトラス
3．アリスタルコス
4．アリスティルス
5．アリストテレス
6．アルキメデス
7．アルザッケル
8．アルフォンスス
9．アレキサンダー
10．エウドクソス
11．エラトステネス
12．カタリナ
13．カッシニ
14．ガッセンディ
15．キリルス
16．クラビウス
17．グリマルディ
18．クレオメデス
19．ケプラー
20．コペルニクス
21．シッカード
22．ジャンセン

23．シラー
24．ティコ
25．テオフィルス
26．バイイ
27．ピッコロミニ
28．ヒッパルコス
29．プトレマイオス
30．プラトー
31．ブリアルドス
32．ペタビウス
33．ヘロドトス
34．ポシドニウス
35．マギヌス
36．ラングレヌス
37．ロンゴモンタヌス

■明るい恒星

固有名	等級	色	星座	意味	備考
アルフェラッツ	2.1	白	アンドロメダα	馬のへそ	
アルマク	2.3	橙	アンドロメダγ	アナグマ	二重星
ミラク	2.3	赤	アンドロメダβ	腰帯	
アルクトウルス	0.2	橙	うしかいα	熊の番人	
プルケリマ(イザル)	2.7	橙	うしかいε	最も美しいもの	二重星
アルファルド	2.2	橙	うみへびα	孤独	
アルデバラン	1.1	橙	おうしα	従うもの	
エルナト	1.8	青	おうしβ	突くもの	
アダラ	1.6	青	おおいぬε	乙女たち	二重星
ウェゼン	2.0	白	おおいぬδ	おもり	
シリウス	-1.5	白	おおいぬα	焼きこがすもの	
ミルザム	2.0	青	おおいぬβ	吠えるもの	
アリオト	1.7	白	おおぐまε	しっぽ？	
アルカイド(ベネトナッシュ)	1.9	青	おおぐまη	ひつぎに寄り添う女の長	
ドゥーベ	2.0	橙	おおぐまα	熊	
ミザール	2.3	白	おおぐまζ	腰おび	二重星
メラク	2.3	白	おおぐまβ	腰	
スピカ	1.2	青	おとめα	麦の穂	
ハマル	2.2	橙	おひつじα	羊の頭	
アルニタク	2.0	青	オリオンζ	帯	二重星
アルニラム	1.8	青	オリオンε	真珠のひも	
ベテルギウス	0.5	赤	オリオンα	脇の下	
ベラトリックス	1.6	青	オリオンγ	女戦士	
ミンタカ	2.5	青	オリオンδ	帯	二重星
リゲル	0.2	青	オリオンβ	左足	二重星
カーフ	2.3	白	カシオペヤβ	胸	
ゲンマ(アルフェッカ)	2.3	白	かんむりα	宝石	
カペラ	0.1	黄	ぎょしゃα	メスやぎ	
メンカリナン	2.1	白	ぎょしゃβ	肩	
デネブ・カイトス	2.2	橙	くじらβ	くじらのしっぽ	
ミラ	2-10.1	赤	くじらο	不思議	変光星
プロキオン	0.5	白	こいぬα	犬の前	二重星
コカブ	2.2	橙	こぐまβ	星	
ポラリス	2.1	白	こぐまα	北極星	二重星
ベガ	0.0	白	ことα	落ちるワシ	
アクラブ	2.9	青	さそりβ	さそり	二重星
アンタレス	1.1	赤	さそりα	火星の敵	二重星
シャウラ	1.7	青	さそりλ	毒針	
アルギエバ	2.6	橙	ししγ	ししの額	二重星
デネボラ	2.2	白	ししβ	ししの尾	
レグルス	1.3	青	ししα	小さな王	
アルビレオ	3.2	橙	はくちょうβ	くちばし？	二重星
サドル	2.3	白	はくちょうγ	胸	
デネブ	1.3	白	はくちょうα	しっぽ	
アルヘナ	1.9	白	ふたごγ	ラクダの焼き印	
カストル	1.6	白	ふたごα	カストル	二重星
ポルックス	1.1	橙	ふたごβ	ポルックス	
ラス・アルハゲ	2.1	白	へびつかいα	蛇使いの心臓	
ラス・アルゲチ	3.5	赤	ヘルクレスα	膝まづく者の頭	二重星
アルゴル	2.1-3.4	青	ペルセウスβ	悪魔	変光星
ミルファック	1.8	白	ペルセウスα	横腹	
フォマルハウト	1.3	白	みなみのうおα	魚の口	
エルタミン	2.4	橙	りゅうγ	竜の頭	
カノープス	-0.9	白	りゅうこつα	水先案内人の名	
コル・カロリ	2.9	白	りょうけんα	チャールズの心臓	二重星
アルタイル	0.9	白	わしα	飛ぶワシ	

メシエ天体

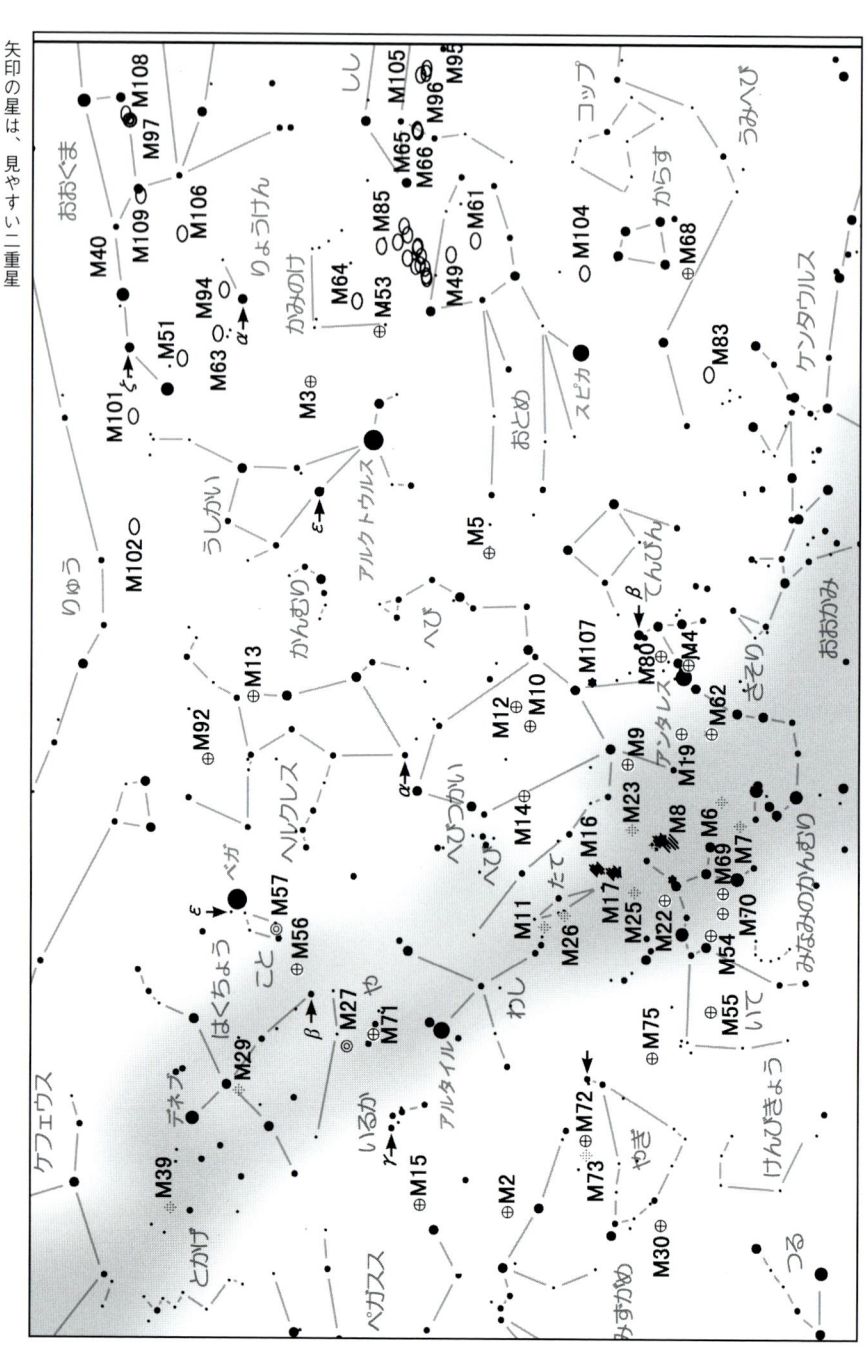

矢印の星は、見やすい二重星

資料編〜天体の資料

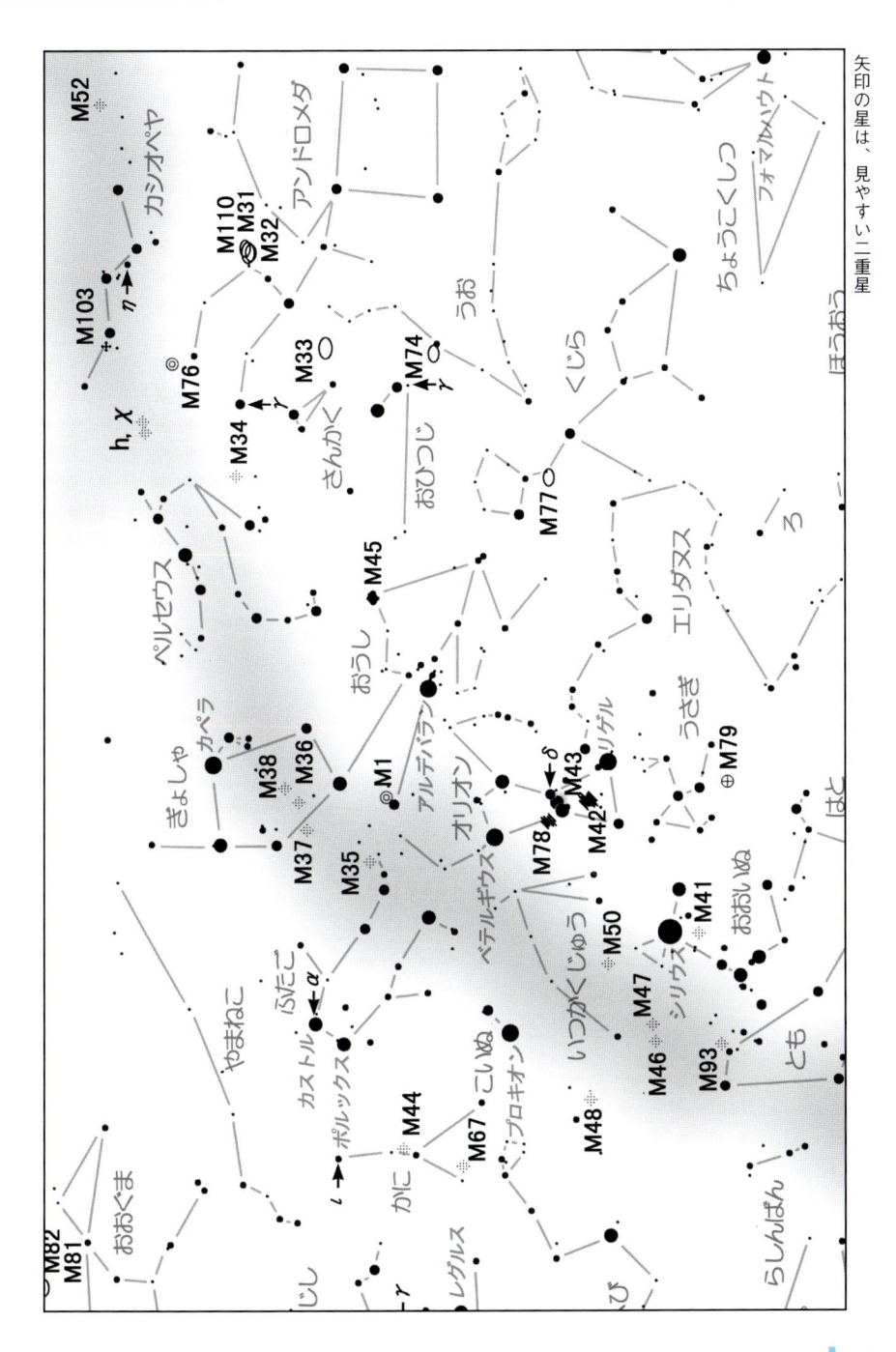

矢印の星は、見やすい二重星

あとがき

　自然は限りなく美しく，生命をやさしく育んでくれます．しかし時として，鋭い牙をむき出しにすることがあります．本書の原稿を書いているとき，それは起きました．「3.11東日本大震災」．被災した方々にお見舞い申し上げるとともに，不幸にも亡くなられた方々に心からご冥福をお祈り申し上げます．

　いつもそうですが，大規模自然災害が起こるときに思うのは，私たちは，自然の中で生かされているんだなということ．今を生きる私たちは，あまりの忙しさに，この肝心なことをどこかに置き忘れてしまっている．もっともっと，自然の中で自然とともに生きているということを，心と体で感じる必要があると思います．

　自然を感じる方法はたくさんありますが，そのなかでも「星空を見上げること」が大きな意味を持っているのではないでしょうか．なぜなら自然界にあるものは，すべて宇宙にルーツがあるからです．

　そんな宇宙を，天体望遠鏡で手元に引き寄せて見るって，とても素敵なことじゃありませんか．だからこそ天体望遠鏡を自分の手で操作して，やっとの思いで捉えた宇宙の姿に言いようのない感動と幸福を感じるのです．今やデジタル全盛の時代．コンピューターが望遠鏡を操作して目標天体を自動的に導入し，その姿をデジタルカメラで簡単に撮影できてしまう．もちろんそれも楽しみ方の一つではありますが，まずは，自分の力で捉えて自分の目で感じることから始めてみましょう．

　最後になりましたが，本書を世に出すにあたり，天体写真その他で仲間として協力をいただいた谷川正夫氏に心よりお礼を申し上げます．また，私の不精で出版予定を遅らせてしまったにもかかわらず，編集の労をとってくださった飯塚氏，さらに地人書館のスタッフのみなさん，またレイアウトをしてくださった久藤氏に深く感謝する次第です．

2011年5月6日　立夏　浅田英夫

あなたを星空へいざなう
誰でも使える天体望遠鏡

2011年6月25日　初版第1刷	郵便振替　00160-6-1532
2015年2月10日　初版第2刷	E-mail：chijinshokan@nifty.com
2017年7月30日　初版第3刷	URL：http://www.chijinshokan.co.jp
著　者　　浅田英夫	印刷所　モリモト印刷
発行者　　上條　宰	製本所　イマヰ製本
発行所　　株式会社地人書館	
〒162-0835　東京都新宿区中町15	©2011 by H.Asada
TEL 03-3235-4422	Printed in Japan
FAX 03-3235-8984	ISBN978-4-8052-0835-9　C0044

JCOPY 〈出版者著作権管理機構　委託出版物〉
本書の無断複製は、著作権法上での例外を除き、禁じられています。複製される場合は、そのつど事前に出版者著作権管理機構（TEL 03-3513-6969、FAX 03-3513-6979、e-mail：info@jcopy.or.jp）の許諾を得てください。

地人書館の天文書

誰でも写せる星の写真
―携帯・デジカメ天体撮影―
谷川正夫 著／A5判／144頁／本体1800円（税別）
ISBN978-4-8052-0833-5

本書は初心者向けに天体の撮影法を解説した本である．使用するカメラも，今や多くの人が持っているカメラ付携帯やコンパクトデジカメ，安価なデジタル一眼レフに限定し，最も簡単な手持ち撮影から三脚を使った固定撮影，望遠鏡を使った拡大撮影まで紹介．誰もが気軽に夕焼けや朝焼けの空に浮かぶ月・惑星や，月面・惑星のアップ，星空を写すための方法を解説する．

星雲星団ベストガイド
―初心者のためのウォッチングブック―
浅田英夫 著／B5判／192頁／本体2800円（税別）
ISBN978-4-8052-0816-8

著者が初心者向けに厳選した80個の星雲星団を見開き各2頁で紹介．カラー頁では選りすぐりの星雲星団ベスト16を収載，また2色頁ではこれ以外の初心者向け星雲星団を収載し，それぞれに美麗な写真と見所の解説，見つけ方を表示したチャートを掲載した．さらに市街地と山間部の星雲星団の見え方の違いを望遠鏡の口径別にイラストで紹介し，従来にない画期的な工夫を盛り込んでいる．

地球絶景星紀行
―美しき大地に輝く星を求めて―
駒沢満晴 著／四六判／248頁／本体1900円（税別）
ISBN978-4-8052-0826-7

本書はこれまでに類を見ない，五大陸の絶景地とそこに輝く星空を求めて著者が世界中を飛び回った旅行記である．カラーページでは単なる日中の風景だけでなく，地球の絶景と星空や流星，オーロラなどとの競演を撮影した貴重なカットを紹介．また本文ページでは，さまざまなエピソードも交えて，著者が実際に体験した地球の絶景地までの道中記を掲載する．

望遠鏡400年物語
―大望遠鏡に魅せられた男たち―
フレッド・ワトソン著／長沢工・永山淳子訳
四六判／400頁／本体2800円（税別）
ISBN:978-4-8052-0811-3

望遠鏡はその400年間の歴史において，素朴な筒から巨大な構造物へと進歩をとげた．各時代の巨大望遠鏡は宇宙観に変革をもたらしながら，望遠鏡製作に多くの才能ある人々を引き入れた．本書は，ガリレオ，ケプラー，ニュートン，グレゴリー，ハーシェルなど，光学望遠鏡に変革をもたらした人々のエピソードを語りながら，天文学の歩みと望遠鏡400年の歴史を辿る．

●ご注文は全国の書店，あるいは直接小社まで（価格は消費税込）

(株) 地人書館

〒162-0835 東京都 新宿区 中町 15番地
Tel.03-3235-4422　　Fax.03-3235-8984

e-mail：chijinshokan@nifty.com　　URL：http://www.chijinshokan.co.jp